# 苹果“三优”栽培技术详解

徐继忠　主编

中国农业出版社

**主　编**　徐继忠

**副主编**　张学英　李中勇

**编著者**（以姓名笔画为序）

刘文田　李中勇　张学英

张宪成　郜福禄　袁　媛

徐继忠　缪国印

# FOREWORD 前　言

苹果矮砧密植栽培具有早果丰产、易于管理、优质高效等特点，适宜集约化、机械化、省力化、标准化生产，已成为世界苹果生产的主要模式。河北农业大学苹果课题组历经30余年研发的集优良砧木、优良品种、优良配套栽培技术于一体的“三优”苹果栽培技术体系，既借鉴了国外先进的种植理念，又依据我国生态特点提出了适宜不同区域特色的苹果发展模式，是我国苹果矮砧密植栽培的成功典范。“三优”苹果栽培技术体系自2003年推广以来，在我国苹果主产区得到了广泛应用和大力推广，受到了广大苹果科技工作者和果农的一致好评。同时，河北农业大学苹果课题组与时俱进，针对“三优”苹果栽培技术推广中存在的问题，在苹果砧木筛选与评价、优质大苗培育、整形修剪、花果管理、土肥水管理等方面进一步深入研究，对已有栽培技术进行优化与集成，提出了“苹果‘三优一体’标准化栽培技术”模式，并在生产中示范推广，取得了良好效果，得到了鉴定专家及业界内的广泛认可。

为推动我国苹果产业又快又好地发展，同时满足广大苹果种植户对先进栽培技术的迫切需求，在中国农业出版社的大力支持下，河北农业大学苹果课题组组织团队成员及保定地区苹果主产县（区）经验丰富的技术推广人员，以理论研究为基础，以实践应用为目的，以关键技术为重点，将“三优”栽培技术进行了系统梳理，细化技术讲解，突出“三优”栽培技术特色，编著成书，以飨读者。参加本书编写的有：河北农业大学徐继忠教授、张学英教授、李中勇副教授，河北省林业信息中心高级工程师袁媛，河北省顺平县林业局张宪成研究员，河北省满城区林业局郜福禄高级农艺师，河北省曲阳县林业局刘文田高级农艺师，河北省易县林业局缪国印高级农艺师。

全书共分10章，第一章概述，主要介绍了“三优”栽培技术体系的内涵，第二章优良品种及砧木，第三章优质苗木繁育，第四章高标准建园，第五章整形修剪技术，第六章精细花果管理技术，第七章土肥水管理技术，第八章病、虫、草害综合防治技术，第九章苹果园自然灾害防控技术，第十章果实采摘、分级与包装。本书系统归纳总结了课题组在苹果矮砧密植方面的成果与经验，同时借鉴了国内外同行的先进科研成果，注重理论联系实际，以期为推动我国苹果栽培模式变革，促进我国苹果产业可持续发展有所裨益。

值此付梓之际，感谢河北省科技厅、河北省林业厅和国家苹果产业技术体系多年来对河北农业大学苹果课题组工作的支持和帮助；感谢课题组的研究生们在苹果“三优”栽培技术研发与推广工作中的努力和付出；感谢业内同仁对课题组的指导和帮助！

因编者水平有限，书中存在不足或错误在所难免，敬请广大读者批评指正。

编著者

CONTENTS 目 录

前言

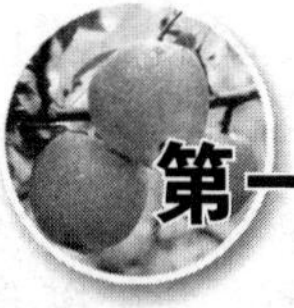

# 第一章 概 述

“三优”栽培技术体系是集优良品种、优良砧木和优化栽培技术为一体的新型苹果栽培技术体系，是河北农业大学苹果课题组21世纪初研发成功的。该体系总结了河北农业大学苹果课题组30多年的研究成果，克服了传统栽培模式下工序复杂、技术难度大等缺点，具有生产工序简化、技术简单及节省人力、物力等优点，深受果农欢迎。目前该技术体系已在河北、山东、新疆、山西、辽宁、北京等省（自治区、直辖市）推广应用，效果良好。

## 一、我国苹果生产现状及发展趋势

### （一）我国苹果生产现状

#### 1. 面积与产量

**（1）面积** 改革开放以来，中国苹果经历了两个快速发展期（1985—1989年、1991—1996年）、结构调整期（1997—2004年）后，苹果生产进入了稳定发展期。第一个快速发展期是1985—1989年间，我国苹果栽培面积从86.54万公顷上升到168.99万公顷，增长95.3%；第二个快速增长期是1991—1996年间，苹果栽培面积从166.16万公顷上升到298.69万公顷，增长79.8%。从1997年开始，苹果生产进入了调整阶段，该阶段果园面积持续减少，直至2004年，我国苹果栽培面积为187.67万公顷，比1996年栽培面积减少了37.2%。2006年以来，苹果栽培面积逐年增加，至2010年，全国苹果栽培面积为204.91万公顷，2015年为230.72万公顷，比2010年增加了12.6%。据国家苹果产业技术体系统计，2016年全国苹果栽培面积达到246.69万公顷。各苹果生产省份中，2016年黑龙江省苹果栽培面积增长最快，为14.46%，其次为四川省、新疆维吾尔自治区和陕西省，苹果种植面积增长率分别为6.67%、6.64%和6.24%。

**(2) 产量** 1978—2016年的38年间，虽然个别年份中国苹果总产量出现下降，但整体呈现上升趋势。2010年，我国苹果总产量为3 168.08万吨，2015年，总产量达到4 092.32万吨，比2010年增加29.17%。据国家苹果产业技术体系统计，2016年苹果产量比2015年增加5.85%，其中辽宁省和宁夏回族自治区苹果产量增长最快，分别达到17.95%和17.81%，其次为甘肃省和黑龙江省，分别增产14.92%和13.74%。山东省、新疆维吾尔自治区和河南省均有不同程度减产，分别减产1.60%、9.66%和15.79%。

我国苹果单位面积产量总体呈逐年增加的趋势，1991年我国苹果单产仅为2 732.6千克/公顷，而1996年增至5 709.0千克/公顷；2004年我国苹果单产已达12 615.5千克/公顷，2010年我国苹果单产为15 460千克/公顷，2015年增长为17 740千克/公顷。在山东、河北、江苏、陕西、山西以及河南等省的优质苹果生产示范园区，单产高达30 000～45 000千克/公顷。当然，与世界苹果生产先进国家相比仍有较大差距，还需继续努力。

2. 分布与品种构成

**(1) 分布** 我国苹果分布范围广泛，除广东、广西、海南、上海、浙江、江西、湖南等少数省份外，其他各省份均有分布，但苹果生产主要集中在陕西、山东、甘肃、河北、河南、山西、辽宁等7个省，这7个省份的苹果栽植总面积和总产量均占全国总面积和总产量的90%以上，其中陕西省栽植面积和产量位列第一，山东省位居第二位。

根据苹果产区的立地条件，可将我国苹果产区分为西北黄土高原产区、渤海湾产区、黄河故道产区、西南冷凉产区等。从各产区苹果栽植面积和产量情况分析，西北黄土高原产区、渤海湾产区是我国苹果生产两大主产区。2016年黄土高原产区苹果栽植面积为129.15万公顷，占全国苹果总面积的52.35%，环渤海湾产区苹果栽植面积为95.76万公顷，占全国苹果总面积的38.82%。

通过2011—2015年各省份苹果面积变化分析，近几年面积增幅最大的是陕西省，增幅为8.03万公顷，甘肃省增幅为2.6万公顷，山西省增幅为2.1万公顷，全国苹果种植面积西移现象明显。

**（2）品种构成** 20世纪80年代由农业部组织的全国12省份红富士苹果引种、示范、协作，从根本上改变了我国苹果的品种构成，富士系品种已经成为我国苹果的主栽品种。随着新红星、乔纳金、嘎拉、王林、澳洲青苹、粉红女士、太平洋玫瑰、斗南等新品种或品系的引入，极大地丰富了苹果市场供应，改变了我国苹果品种老化的局面。综合分析我国苹果品种结构，可以看出品种构成方面还存在许多问题。

① 熟期结构不合理。目前我国苹果品种以晚熟品种为主，而中早熟品种所占比例较低。据统计，我国苹果品种以富士系为主，如山东和陕西两个苹果主产大省的富士系品种栽培面积均超过70%，在个别地（市）富士系苹果栽培面积和产量均超过80%，形成了富士品种独霸天下的局面。其他品种所占比例较低，各产区间也有一定差异，如元帅系品种，甘肃省可占到19.2%，而山东仅在5%左右，嘎拉在陕西、山东分别占到10%和7.7%，而甘肃和山西分别为3.5%和4.4%。

② 鲜食品种比例高。目前栽培的苹果品种鲜食品种比例过

高，达90%以上，而用于加工等用途的品种比例极低。

③ 栽培品种（品系）多，混杂现象严重。多年来我国苹果育种工作者培育了许多新品种，再加之从国外引种，造成我国苹果品种（品系）多，一方面丰富了品种市场，但另一方面由于许多品种引种未经严格的区域试验，果农选择品种时具有很大的盲目性。此外，富士系、嘎拉系、元帅系变异很多，变异间在果实着色、成熟期、栽培特性等方面均有一定差异，如果一个果园栽种较多类型，势必给栽培管理带来极大不便。

3. 果品质量

**(1) 外观品质** 外观品质是苹果果实商品性最直观的表现形式，也从一个方面反映了果品质量的等级规格，是苹果生产者和消费者首先关注的方面。衡量果实外观品质的指标主要包括果实大小、色泽、果形、果面洁净度（如果锈、裂纹、果点大小、日灼）等。

经过我国科技工作者及生产者多年的努力，苹果果实外观品质得到了明显改善，突出表现在果实色泽及果实大小等方面，但也存在一些问题，如果面光洁度较差，表现为裂纹严重、果锈明显等。此外，果实套袋提高了果实外观品质，但明显增加了生产成本。

**(2) 内在品质** 内在品质是苹果果实商品性的重要内涵，反映消费者对果实口感、风味的要求及果实贮运性。衡量果实内在品质的主要指标包括果实可溶性固形物含量、硬度、含酸量和固（糖）酸比等。近年来，果实脆度、汁液多少、香气等指标也开始受到重视。

随着苹果栽培技术水平的提高，我国苹果果实内在品质得到了明显提升，但与发达国家相比，苹果的内在品质低下问题依然表现明显，主要表现在可溶性固形物含量偏低、硬度较小，口感差、风味淡等。如2006年对我国苹果主产区的红富士苹果抽样检测中，果实可溶性固形物含量和硬度合格率仅为57.3%

和35.6%。

**(3)安全质量** 安全质量是指果品食用的安全性，它反映着果品质量的安全和卫生指标，目前主要涉及农药残留和有害元素含量限量指标。随着人们对食品安全问题的关注程度日益增强，对苹果安全质量的关注也日益增加，同时苹果安全质量也是中国苹果走向国际市场面临的重要考验。在对外贸易竞争中，进口国提出一定的果品农药残留标准，成为技术壁垒。欧盟要求产品从生产前到生产、销售全过程，都必须符合环保技术标准要求，对生态环境及人类健康均无损害。

随着我国苹果提质增效工程的实施，苹果安全质量得到了极大提高，但我国是一个发展中国家，果品的生产、加工过程及包装、贮运等诸多方面仍有不利于环保的因素。在苹果生产上，使用违禁农药、过量农药、除草剂，化肥用量过多或施用未经发酵的畜禽粪便等现象时有发生。近年来我国对苹果果品农药残留检测已有相关研究报道，但尚缺国家权威检测部门的监测评估报道。农业部农药质量监督检验测试中心（西安）对陕西省27个苹果基地县的46个示范果园果品中农药残留的检测结果显示，溴氰菊酯、氯氰菊酯、甲氰菊酯、氰戊菊酯等4种菊酯类农药虽未超标，但均有检出。据报道，2001年12月我国有50个集装箱，计2万吨苹果因农药残留量超标而被国外拒收。

2002年农业部果品及苗木质量监督检验测试中心（兴城）对辽宁省兴城市和绥中县的13个苹果样进行检测，硝酸盐检出率为100%，含量为72.64～331.29毫克/千克，但均未超标。

**4. 生产成本** 根据国家现代苹果产业技术体系21个综合试验站监测数据分析，2016年全国单位面积苹果生产总成本约为7.51万元/公顷，比2015年平均上升3.48%。其中，黄土高原和环渤海湾优势区单位面积苹果生产总成本分别为7.11万元/公顷和8.44万元/公顷，比2015年分别上升2.2%和5.3%。2016年全国苹果生产成本比2015年涨幅明显，而且不同苹果主产区生产成本均呈上升趋势。

**（1）物质成本** 2016年全国苹果生产平均物质成本为3.32万元/公顷，比2015年上升1.7%。其中，黄土高原和环渤海湾优势区平均物质成本分别为2.99万元/公顷和3.92万元/公顷，分别比2015年上升−1.24%、6.36%。物质成本最高的地区为山东青岛产区，达到6万元/公顷；其次为河北秦皇岛产区、山东泰安产区，分别为5.10万元/公顷、4.50万元/公顷。

**（2）人工成本** 2016年全国苹果生产人工成本平均为3.58万元/公顷，比2015年上升4.95%。其中，黄土高原和环渤海湾优势区平均人工成本分别为3.32万元/公顷和3.98万元/公顷，分别增长6.23%和3.92%。人工成本最高的为山东泰安产区，达到6.90万元/公顷；其次为陕西西安产区、山东烟台产区，分别为5.93万元/公顷、4.95万元/公顷。

**（3）管理成本** 2016年全国苹果生产管理及其他费用（果园管理、销售、保险、技术服务等）成本平均为0.61万元/公顷，比2015年上升4.51%。其中，黄土高原和环渤海湾优势区苹果生产管理及其他费用成本平均为0.85万元/公顷和0.57万元/公顷，分别增长−1.93%和21.56%。

**5. 果品销售**

**（1）内销** 2016年，我国苹果销售进度整体缓慢。截至2016年年底全国苹果销售比例约为总产量的61%，全国苹果储存量超过1 000万吨，其中50%的库存量积压在果农手中。

2010年以来我国苹果零售价格变化经历了先快速上升、后快速下降的过程，其中2014年苹果零售价格达到峰值，2015年、2016年苹果价格大幅度下跌，且2016年苹果零售价格低于2015年。据国家苹果产业技术体系综合试验站监测分析，2016年全国一级苹果平均收购价格为4.70元/千克，比2015年低1.04元/千克，下降幅度为18.12%。根据全国农产品批发市场价格信息网数据，2016年全国苹果批发价格平均为4.22元/千克，同比下降20.00%。其中，富士品种批发价格平均水平高于全国苹果批发价格平均水平，为6.30元/千克，同比下降20.55%；晚熟品种秦冠批发价格平均为3.15元/千克；早熟品种嘎拉批发价格平均为2.58元/千克。

苹果销售渠道仍以“果农＋中间商＋涉果企业”和“果农＋合作社＋涉果企业”的传统渠道为主，2016年通过中间商销售的比例占到40%，通过合作社、涉果企业和批发市场销售的比例也占到40%，果农自销比例为13%。果农自销比例地区间差异较大，其中北京产区的自销比例最高，达到50%，河北产区果农自销比例为37%。2016年，全国果农通过传统渠道销售苹果的比例超过90%，依托互联网销售的苹果仅占到8%。

**(2) 外销** 2009年中国鲜苹果出口量达到峰值，以后出口量持续走低，至2015年，年平均下降速度达到5.52%。2016年中国鲜苹果出口创纪录首次突破130万吨，达到132.2万吨，初步扭转下滑趋势，出口总额也维持高位运行，但出口价格呈下降趋势。

根据出口地理结构分析，中国苹果主要出口至东南亚地区，出口额排名前五位的目的地国家分别为：泰国（1.97亿美元，14.2万吨）、菲律宾（1.60亿美元，13.4万吨）、印度（1.49亿美元，14.7万吨）、越南（1.40亿美元，11.0万吨）和孟加拉国（1.25亿美元，18.1万吨）。

2016年浓缩苹果汁出口量达到61万吨左右，较2015年增加28.69%，出口量及出口额均扭转下降态势，但出口价格有所下降。

**(3) 进口贸易** 据统计，2016年中国鲜苹果进口6.7万吨，进口额1.23亿美元，同比下降23%和16%。2016年中国从日本、南非、意大利、波兰等国家的进口量有所增加，而从新西兰、美国、智利、法国、澳大利亚等传统国家的进口数量均有所下降。

中国鲜苹果进口量具有3个突出特征：一是鲜苹果进口规模总体偏小，进口数量在国内消费总量中占的比重非常小。二是进口数量波动幅度较大，但进口价格高位运行。三是进口市场日趋开放，进口来源国呈多元化趋势。

2012—2015年苹果进口价格总体上呈持续高位运行态势，2016年1～10月的新苹果进口价格为1 831.60美元/吨，比2015年同期上涨10.06%，即价格上升幅度较大。

## (二) 发展趋势

**1. 栽培区域化** 通俗讲，区域化栽培就是在最适宜的地方栽培最适宜的砧木和品种。实行区域化栽培是实现品种效益最大化的需要。在最适宜的地方栽培最适宜的品种，能最大限度满足品种生长发育所需的环境条件，发挥品种的最大生产潜能，同时消耗最小。

实行区域化栽培是品种多元化、减少竞争的需要。我国地域辽阔、自然环境条件多样，再加之苹果品种、砧木资源丰富，各地总能根据当地自然条件选择出适宜的砧木和品种，这样有利于实现苹果栽培品种多元化，满足不同层次、不同消费习惯人群的需要，减少竞争压力，实现效益最大化。

为了充分发挥区域比较优势，提高我国苹果产业的整体水平，在充分调研的基础上，2003年农业部制定了苹果优势产业带发展规划，把渤海湾产区和西北黄土高原产区作为我国苹果发展的优势区域重点建设，以期形成我国苹果生产的核心区域及产业带。其中，渤海湾产区重点区域包括山东的胶东半岛和泰沂山区，辽宁的辽西和辽南地区，河北的秦皇岛地区和太行山区等。该地区栽培历史悠久，系我国苹果栽培最早的区域，生态条件优越，栽培技术水平高，果品产量高、品质好。西北黄土高原产区包括陕西渭北地区、山西晋中和晋南地区、河南三门峡地区及甘肃陇东地区等地。该地区是我国苹果发展最快的地区，光照充足、冬无严寒、夏无酷暑，且温差大，符合苹果最适宜的 6 项生态条件，果实着色好，只是许多果园缺乏灌溉条件，影响了果实大小和产量。此外，黄河故道地区也是 20 世纪 60 年代发展起来的苹果主要产区，地势平坦、土壤肥沃、海拔较低、夏季高温多雨，苹果生长较旺、产量高、果个大，但是质量较差。该苹果产区适合进行矮化砧栽培，可有效控制树势，改善光照，提高鲜食苹果的品质。

2. **矮砧密植栽培** 20 世纪 80 年代以来，我国苹果栽培模式发生了巨大变化，由乔砧稀植变为了乔砧密植。与乔砧稀植栽培相比，乔砧密植后单位面积株数增多，单位面积枝量增长快，可以较早地采取促花措施，因此乔砧密植后苹果结果早，早期产量高。但是密植后也带来了树冠大小与营养面积间的矛盾，如果解决不好，势必造成树冠郁闭，内膛光照不足，影响花芽分化和果实质量，同时，为了解决二者的矛盾，便产生了许多复杂的技术，增加了技术难度和用工费用，增加了苹果生产成本，因此密植栽培必须以树体矮化为基础。

矮砧集约栽培模式是当前世界苹果栽培发达国家普遍采用的栽培模式，它能达到早结果、早丰产和早收益的经济要求，满足果园光照好、管理简单、劳动强度低、果实品质好、便于清洁化生产和果园适时更新的生产要求，也符合现代农业发展的基本需要。矮砧集约栽培是我国苹果生产发展的主要方向。

我国自 20 世纪 60 年代开始引进苹果矮化砧，70 年代国内曾掀起了研究和推广的高潮，并成立了全国苹果矮化砧研究与推广协作组。当时在不少地方推广苹果矮化砧密植栽培，但成功的较少。导致以后矮化砧应用较少，其主要原因可以归纳为以下几方面：

① 矮化砧资源本身存在缺陷。有些矮化性状好的砧木抗寒性差，如世界各地普遍应用的 M9、M26，在华北、西北和东北的一些地区，有时因冻害或抽条引起越冬伤害或死亡，不能正常

越冬，而MM106和我国培育的77－34、CX－3、78－48等砧木的抗寒性虽好，但是矮化性状比较差。

我国苹果主要产区的气候特点多为早春干旱、冬季低温少雪，这就要求选用的矮化砧木抗寒性要好；另一方面我国苹果主产区生长季高温多雨，雨热同季，苹果新梢生长旺，树势不易控制，要求选用的砧木致矮效果要好。我国苹果发展方针为上山下滩，栽植地土壤条件差、有机质含量很低，也影响了矮化砧木的利用。

② 栽培技术不配套。由于对矮砧密植栽培技术掌握不当，导致没有采取相应的栽培技术措施，致使栽培失败，包括以下几个方面：一是整形方式和技术应用不当。一般矮化树相对干性弱，如果中心主干中下部留枝过大、过多，将影响中央领导干的生长，形成群体平面结果，致使产量较低。二是负载量控制不当。矮化树结果早，产量高，但如过早结果，且负载量控制不合理，肥水不能充分供应，容易导致树体早衰，影响后期产量及树体寿命。三是栽植深度不当。栽植过深时，嫁接口被埋，引起接穗生根而失去矮化效应；但如栽植过浅，则裸露的砧木茎段容易产生树皮日灼（如M26），轻者影响树势，重者死树。四是生长量不足。在土层薄、无灌溉条件的地区应用矮化效应强的矮化砧，可能造成树体太小、枝量不足，最终影响产量。

③ 苗木培育时间长且质量较差。国外栽植带分枝的大苗，栽植后1～2年就可结果，利于矮砧密植栽培的推广。但我国苹果栽植者由于经济条件及栽培观念的限制，往往注重苗木的价格而放松对苗木质量的要求，特别是在苹果生产快速发展的年代，苗木生产供不应求，致使高质量的矮化苗木难以立足市场。再加之我国苹果苗木生产以分散的小生产为主，很难达到标准化，制约了苹果矮化密植栽培模式的发展。

④ 矮化砧木的研究目标和评价体系出现偏差。主要表现在一是重选育轻应用。全国许多果树研究单位，多以矮砧选育为目标，即使获得了有价值的材料，对其矮化效应、砧穗组合的生长

结果特性以及栽培技术特点研究不够，更谈不到针对我国特殊的气候条件，最大限度发挥矮砧的效应，形成矮化砧木区划利用的完整体系。二是固地性。有些矮砧苹果固地性较差，需要设架，在高标准栽培中，应该进行科学的成本核算，许多情况下，架材的投入是必要的并能为果农所接受。三是发生大小脚现象。部分接穗嫁接在矮化砧木上出现大小脚现象，它与矮化效应和寿命并没有直接的关系。

当前，我国苹果栽培中大部分果园是乔砧密植栽培模式，并且大部分是 20 世纪 90 年代发展起来的，树龄已老化，亟须更新换代，因此，加速苹果栽培制度变革，推动矮砧集约栽培模式快速发展，逐步实现传统栽培制度向现代栽培制度的转变，对于推动我国苹果产业转型升级具有重要意义。

3. **省力化** 果树省力化栽培也叫简化栽培或低成本栽培。主要采取矮化密植、生草栽培、肥水一体化自控灌溉、病虫害生物防治、简化修剪和充分利用果园除草、耕作、喷药等机械设备进行果园高效栽培管理，实现果树高产、优质、大果、高糖、矮化、完熟、调节产期的目的。

省力化栽培起源于日本，欧美国家的果树栽培一开始就着眼于省工省力，虽然我国国情与大多数发达国家不同，实行一家一户小规模种植模式，但由于年轻人不愿意从事农业耕作，果园用工越来越贵且日益短缺，当老一代果农年龄越来越大，不能胜任果园工作时，在国家土地流转制度的倡导下，果园逐渐向种植公司或果业合作社集中是必然趋势。而果园规模的集中和扩大必然要求果园管理的转型和升级，其中省力化栽培就是主要内容，这需要广大果树从业人员积极开展相关试验研究，推出实用、有效的技术。这些技术将蕴藏着巨大的商业价值，如便利的果园机械、简单实用的滴灌喷灌设施、开发全溶性的各种肥料、绿色病虫防治药剂及生产技术等都会有巨大的市场空间。

4. **标准化** 农业标准化是根据“统一、简化、协调、优选”

的原则，把农业科技成果、生产技术和实践证明确有增产、增收效果的方法等以规范化的形式固定下来，制订标准，将这些标准通过规模化、组织化的管理手段贯彻实施，最终生产出符合市场需求的产品。没有农业标准化，就没有农业现代化，就没有食品安全保障。苹果作为重要的经济作物，实现其标准化是发展的必然。

**5. 安全优质化** 近年来，国内外农产品质量安全事件频发，如“三鹿奶粉”事件、“毒大米”事件、“苏丹红”事件、疯牛病事件、禽流感事件等，农产品质量安全管理已成为人们关注的焦点问题，成为影响农产品市场竞争力和农民经济收入的主要因素。

苹果作为重要的农作物，也是一些地区的支柱产业，苹果质量安全问题，对该地农业产业化的发展、增加果农收入、提高社会经济效益意义重大。

## 二、苹果“三优”栽培技术体系的内涵

苹果“三优”栽培技术体系是河北农业大学研发的集优良砧木、优良品种和优化栽培技术为一体的新型的栽培技术体系，是河北农业大学苹果课题组多年研究成果的结晶，符合现代苹果生产发展趋势，在各主产区推广应用效果良好。

### （一）“三优”栽培技术体系构建

**1. 苹果抗寒矮化砧木筛选** 矮化密植栽培因其具有开花结果早、单位面积产量高、果实品质好、管理方便、更新品种及恢复产量快等优点已成为果树发展的趋势。实行矮化密植栽培主要采用矮化技术、嫁接矮化品种和应用矮化砧木等3种途径，其中应用矮化砧木是当前世界矮化密植栽培中普遍采用的致矮途径，除了具有可以密植、早果、早丰的优点之外，尚能改善果实品

质，管理方便，降低成本，增加效益。因此，选择利用适宜的矮化砧木是矮密栽培成败的关键。

正因为如此，国内外众多科研单位在砧木培育领域做了大量工作。英国东茂林试验站较早育成了 M 系及 MM 系砧木，此外还有美国的 MAC 系、CG 系，前苏联的 B 系、波兰 P 系等。我国砧木选育工作始于 20 世纪 60 年代，先后育成了 30 多个优良矮化砧木类型，主要有 63－2－19、S 系、SH 系、75－9－5、CX3、77－34、75－7－1、78－48、GM256 等。这些砧木在矮化性、早果性、嫁接亲和力以及抗逆性等方面各有特点。至 20 世纪 90 年代，我国应用的矮化砧，特别是以矮化中间砧发展矮化密植栽培的砧木，仍以 M26、M7、MM106 为主，占 90%以上，其中 M26 矮化砧应用最多。

多年的研究和生产实践发现，由于地理环境的差异，从国外引进的 M26 矮化砧并不能完全适应我国的立地条件，表现为苹果树（特别是幼龄苹果树）越冬能力差。1995 年至 1996 年春季，河北省各地苹果幼树发生了不同程度的抽条和冻害，以矮化中间砧苹果园更为严重。如对唐山市部分果园的考察结果显示，不同砧木、不同砧穗组合、不同立地条件发生抽条冻害程度不同，其中以红富士苹果及红富士/M26/海棠组合最为严重，轻者受害 5%～10%，重者 80%～94%以上。衡水市受害的果园中，以 M26 为中间砧的红富士苹果园 60%以上受害。以 M26 为中间砧的红富士苹果，不仅 2～3 年生幼树易抽条，甚至 4～5 年生已结果的树体也有抽条死亡现象。分析抽条冻害因素，认为：除了红富士品种本身抗逆性差、幼树易受冻，以及栽培管理有关外，与 M26 矮化中间砧抗逆性差密切相关。因此，筛选出综合性状优于 M26 的新矮砧势在必行，这对推动我国北方苹果矮化密植栽培的发展、提高苹果果实品质具有重要意义。

为此，河北农业大学承担了河北省科学技术委员会下达的“苹果抗寒矮化砧木的筛选”课题（编号：96220214D），课题组搜集了国内外优良矮化砧木20余种，包括M系、MM系、B9、Mark、CG系、SH系等，以M26为对照，建立了多个对比试验园，品种为宫藤富士，基砧为八棱海棠。经过近7年的研究和筛选，选出3个生长势与M26相近或稍弱，具有较强抗寒和抗抽条能力，易于繁殖，易成花，早果性强，对果实品质有良好影响的优良中间砧，分别为SH5、SH38、SH40。为苹果矮砧密植栽培奠定了物质基础。

**2. 优良品种筛选及“三优”技术体系构建** 河北农业大学苹果课题组在总结近30年的研究工作基础上，借鉴国外先进生产模式，认为制约我国苹果进军国际市场的主要因素是现有的乔砧密植栽培模式不适应现代化苹果生产的要求，要从根本上解决品质问题，必须变革现有的栽培体系。为此，河北农业大学苹果课题组承担了河北省科技厅“创汇型苹果‘三优’栽培体系构建”课题（编号：01820196D）。课题组收集了来自江苏省、山东省、山西省、陕西省、辽宁省、河北省、北京市等省、直辖市选出的优良品种和变异类型63个，分别在保定、石家庄、邯郸等地进行了多点高接试验。经过5年的研究，依据树体生长、成花、坐果情况和果实主要性状，选出中早熟嘎拉系变异2个，中晚熟富士系变异1个，晚熟普通型富士系2个，晚熟短枝型富士系变异2个。

在广泛吸收国内外先进栽培技术的基础上，结合生产实际，课题组进行了栽培技术的优化组装，主要包括优化施肥技术、优化花果管理、优化整形修剪和病虫防治技术、简化操作程序等。优化后的技术更简单、可操作性强，大大减少了无公害优质苹果生产的工序，减少了生产投资，提高了工作效率。

课题组经过多年的研究、攻关，成功构建了优良品种、优良砧木和优良技术相结合的“三优”栽培技术体系，该成果于2002年10月通过了河北省科技厅的验收、鉴定，专家一致认为该体系在国内外都是绝无仅有的，必将极大地促进我国苹果产业的发展。

3. **示范推广** 苹果“三优”栽培技术体系成果面世后，受到了苹果栽培界的广泛关注，各地苹果栽培技术人员或果农纷纷前来参观学习。我国苹果主产省份（山东、辽宁、山西、陕西、河南、北京、河北等）有关领导、果树研究单位专家和大专院校知名学者多次莅临石家庄井陉矿区吴源林果场“三优”示范园指导工作。

截至目前，苹果“三优”栽培技术体系除在河北省保定市、石家庄市、邢台市、邯郸市、衡水市、唐山市、承德市、秦皇岛市大面积推广外，还在新疆维吾尔自治区、山东省、辽宁省、山西省、陕西省、河南省、北京市等地大面积推广，取得了良好的效果。

为了完善“三优”栽培技术体系，更好地服务于苹果产业，河北农业大学苹果课题组承担了河北省科技厅下达的项目“苹果‘三优一体’标准化栽培模式研究与示范”（编号：10220601D），该课题2015年通过了专家鉴定，鉴定时专家提出：该模式为我国苹果栽培制度变革提供了新样板，引领了我国矮砧高效苹果栽培发展的新趋势，提高了河北省苹果产业在全国的影响力，有力地促进了河北省苹果产业升级。

## （二）“三优”栽培技术体系的优点

### 1. 早果、高产、优质

**（1）结果早，产量高** 在不采取任何促花措施条件下，应用“三优”技术体系，栽后第二年成花，3年见果，四年生植株每亩*产量1 000千克以上，盛果期树每亩产量3 000～4 000千克。

**（2）果实品质优良** 果园园貌整齐，通风透光条件好，病虫

---

* 亩为非法定计量单位，1亩约为667米$^2$。——编者注。

害轻，果实质量好、果个大，果锈少，果面光洁，可溶性固形物含量高。2002 年井陉矿区天户峪“三优”示范园每亩产量为 2 800 千克，平均单果重达 310 克，400 克以上的果实比例达 50%以上，优质果率达 85%以上。

**2. 节约投入** 由于采用矮化砧木，有效控制了树体生长，因此管理树用工大幅度降低，与传统模式相比，用工量减少 40%～60%。同时由于树体光照好，枝叶生长健壮，自身抗病虫害能力强，病虫防治的成本也减少 30%以上。

刘锋（2010）调查了石家庄市井陉矿区昊源苹果生产基地乔砧密植园与“三优”示范园投入产出情况，认为在采用新的栽培模式（“三优”栽培技术体系）后，每亩节约生产费用 300 余元，增产 15%～20%，优质果率达 85%以上，每亩纯增收益 2 500 余元。

**3. 利于标准化、机械化** “三优”栽培技术体系有利于实现作业标准化、果园机械化。采用“三优”栽培技术后，各个年龄阶段的树体调控指标明确，技术简化，且易学、易懂、易会，便于推广和为果农所掌握。如栽后 3 年内主要任务是培养健壮的中心干，促进幼树快速成形，其中扶干和主枝小型化是技术关键。生产中根据实际情况采用立支柱或重修剪技术即可达到扶干的目的，合理应用多主枝、大角度等 5 项技术可实现主枝小型化，这样技术规范性增强，易于推广。进入结果期后，树体营养生长趋于缓和，树势趋于稳定，以结果为主，管理措施主要包括合理施肥、精细花果管理等，以实现苹果优质、高效生产。

**4. 经济效益高** 由于采用“三优”技术体系后苹果产量和果实品质明显提高，且投入降低，因此平均收益较传统模式明显提高。据河北省顺平县张宪成调查，采用“三优”栽培模式后，栽后第 5～6 年即可收回全部投入且有盈利，而采用传统模式栽后第 8～9 年才能实现收支平衡。

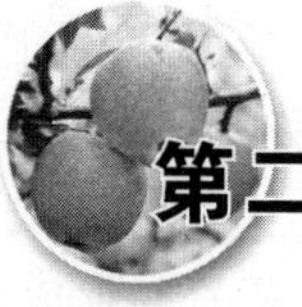

# 第二章　优良品种及砧木

优良品种和砧木是苹果生产的基础。世界苹果属种质资源丰富，分布区域广泛，由于自然条件和消费习惯的差异，每个品种和砧木都有一定的适应地区和适宜的栽培条件。根据不同的果园立地条件，选择适宜的砧木和砧穗组合，决定着苹果的栽培方式，也是影响产量、质量的关键因素。

## 一、优良品种

据不完全统计，迄今为止世界上的苹果品种在1万个以上，但真正作为经济栽培的大概有200余个。近些年，我国从国外引入了许多优良品种，国内众多育种单位也培育出了表现突出的品种。加快品种结构调整、优化品种区域布局是我国从苹果生产大国向苹果产业强国转变的重要任务之一。

优良品种是“三优”苹果栽培体系的重要组成部分，选择优良品种的依据主要从该品种对栽培环境的适应能力、抗逆性、丰产性、果实品质及耐贮性等方面考虑。现就目前我国苹果生产中表现优良的品种按果实成熟期进行分类介绍如下。

### （一）早熟品种

**1. 藤木1号**　美国普渡大学杂交育成，1986年从日本引入我国。

果实圆形或长圆形，萼洼处微凸起。果个中等大小，平均单果重200克左右。果面底色黄绿色，着鲜红色条纹，着色面积70%～90%，果面光洁。果肉黄白色，质脆多汁，可溶性固形物含量13.5%，风味酸甜，香味浓，品质上。果实发育期90天左右，在河北保定7月中下旬成熟。

树势强健，树姿直立，萌芽力强，成枝力中等；易形成腋花芽，以短果枝结果为主；坐果率高，应适时疏花疏果，早果、丰产。该品种成熟期不一致，应进行分期采收。

**2. 信浓红** 日本长野县果树试验场于1983年用津轻×威斯塔贝拉杂交育成。1997年定名为信浓红，品种登录号为第5867号。

果实圆形，果形端正，平均单果重206克，果面底色黄绿，着鲜红色条纹，着色面积70%以上，果皮薄，果点小而少，洁净无锈，外形美观。果肉黄白色，脆甜多汁，可溶性固形物含量13%～14%，有香味，果实过熟易绵。果实发育期90天左右，在河北保定7月中下旬成熟。

树势强健，萌芽率高，成枝力中等。长枝和短枝均易形成花芽，以短果枝结果为主。

**3. 秦阳** 西北农林科技大学从皇家嘎拉自然杂交实生苗中选出，2005年通过陕西省果树品种审定委员会审定。

果实近圆形，果形端正，平均单果重198克，最大果重245克，果面光洁无锈，底色黄绿，着红色条纹，充分成熟时全面呈鲜红色，色泽艳丽。果点中大，中多；梗洼中广、中深，萼洼浅、广。果肉黄白色，肉质细脆，汁液中多，风味甜，有香气。果实生育期103天，在陕西渭北7月中下旬成熟。

树姿较开张，树冠圆锥形。萌芽率高。初结果树以长果枝结果为主，成龄树以短果枝结果为主，腋花芽也可结果。果实成熟期不一致，无采前落果现象。

**4. 华夏** 又名美国8号，由中国农业科学院郑州果树研究所从美国引入。

果实近圆形，平均单果重 180～200 克，最大果重 350 克，底色乳黄，着鲜红色。果肉黄白色，肉质细脆，多汁，有香味，可溶性固形物含量 11.4%，酸甜适口，品质上。在河北省保定市 8 月初成熟。

树势强，成枝力较强，成花容易，结果早，初期以长果枝和腋花芽结果为主，后转为以短果枝结果为主。

此外，近年来我国自主培育的早熟苹果品种还有中国农业科学院郑州果树研究所选育的早红、华美、华玉，辽宁省果树研究所选育的绿帅，山东省果树研究所选育的早翠绿等。

## （二）中熟品种

**1. 嘎拉（Gala）**　新西兰果品研究部果树种植联合会选育，亲本为（红橘橙×元帅）×金冠。1960 年发表，20 世纪 80 年代初引入我国。

果实近圆形或短圆锥形，果形端正，平均单果重 180 克。果面底色金黄，阳面具桃红色晕，有红色断续宽条纹。果梗细长。果皮较薄，有光泽。果肉浅黄色，质细脆，致密，汁中多，味甜，微酸，有香气，品质上。在河北保定 8 月上中旬成熟。

该品种幼树生长旺盛，干性强，成龄树树势中庸，树姿开张，枝条着生角度大，枝条质脆易断。萌芽率和成枝力中等，短果枝和腋花芽结果均好，结果早，坐果率高，丰产性强。

嘎拉容易发生芽变，目前已发现的优良芽变有帝国嘎拉（Imperial Gala）、皇家嘎拉（Royal Gala）、丽嘎拉（Regal Gala）及烟嘎等。我国目前栽培的嘎拉多为皇家嘎拉和烟嘎，二者均为嘎拉的浓红型芽变，较普通嘎拉色泽浓艳且着色面积大，其他性状同嘎拉。

**2. 华硕**　中国农业科学院郑州果树所选育，1996 年以华夏和华冠杂交，2009 年通过河南省林木良种品种审定。

果实近圆形，平均单果重为 232 克。果面底色绿黄，着鲜红色，着色面积达70%，个别果面可达全红。果面蜡质多，有光泽，无锈。果肉绿白色，肉质中细、松脆，多汁，酸甜适口，风味浓郁，有芳香，品质上。果实发育期120天左右。在河北保定8月上中旬成熟。

该品种树姿半开张，属普通类型。枝条萌芽率中等，成枝力较低。幼树以中果枝和腋花芽结果为主，随树龄增大逐渐以短果枝和中果枝结果为主，坐果率高。

**3. 莫里斯** 美国新泽西州农业试验场育成，为多亲本杂交后代，亲本系（金冠×Edgewood）×（Red Gravenstein×Close），1948年杂交，1966年发表，1979年河北省农林业科学院昌黎果树研究所从日本引入。

果实圆锥形或短圆锥形，果顶有明显的五棱突起。平均单果重185克。果面光滑，且着深红色细条纹，色彩鲜艳，底色黄绿。果肉乳黄色，质中粗，汁多，酸甜，有香气，品质上。在河北保定8月中下旬成熟。

该品种树体高大，树姿较开张，树势中庸，易成花，结果早。

**4. 红露** 韩国国家园艺研究所用早艳与金矮生杂交育成。

果实圆锥形，果顶有5～6个突起棱，高桩。平均单果重251克。果面底色黄绿，着鲜红色，自然着色率在75%以上。果面光洁无锈，果点稀而小，果皮较薄。果柄较短。果肉乳白色、致密、脆甜、汁多、有香味。在河北保定9月上中旬成熟。

该品种树势强健，树姿自然开张，萌芽率高，成枝力强，早果性强，具有腋花芽结果习性。

**5. 美味（Ambrosia）** 1986年在加拿大大不列颠哥伦比亚省考斯顿发现的实生品种，亲本可能是金冠和红星。

该品种树势中庸，树姿直立，短枝性状明显。萌芽率和成枝力低于嘎拉。

果实圆锥形，萼端五棱突起明显；果个中大，均匀整齐。果面底色乳黄，着鲜红色，着色面积可达70%～90%，果面光洁，无果锈和粗糙果点。果肉乳白色，脆而多汁，酸度小，有香气，耐贮藏。果实发育期140～150天。在河北保定9月上中旬成熟。

6. **中秋王**　以红富士和新红星为亲本杂交育成。

果实长圆锥形，高桩，具有红富士和新红星的综合外观。果个极大且均匀，平均单果重350克，最大果重600克。果实着色为粉红色或红色，果点小，果面光滑且具有蜡质光泽；果肉淡黄色，肉质硬脆，微酸，甜度一般，香味淡，品质上。无采前落果，无大小年现象，丰产性强。在河北保定9月中下旬成熟。

该品种树势中等强壮，枝条易直立生长，幼树生长较旺盛，萌芽率高，成枝力较强。进入结果期后，树势中庸，枝条缓放易形成短枝，短枝占总枝量的75%左右，易成花。

该品种在某些区域存在裂果现象，初结果期表现明显。

7. **元帅系**　元帅又名红香蕉，原产美国的自然实生品种。1881年发现，1890年开始推广。1912年前后传入日本，1914年从日本传入中国辽宁，以后逐渐扩展至我国苹果各产区，是我国20世纪50至60年代初期的主栽品种。

元帅较易发生芽变，据不完全统计，元帅及其芽变品种的芽变，迄今为止已发现160余种，统称元帅系。通常把元帅称为元帅系的第一代，其芽变称为元帅系第二代，第二代的芽变称为第三代，以此类推，至今已发现了元帅系的第五代。其中元帅系第二代品种以红星为典型代表，是元帅的着色系芽变，第三代中的代表性品种新红星是元帅系第二代的短枝型芽变，第四代品种以首红为典型代表，比第三代着色期提早，颜色更浓、短枝性状更明显，第五代中的瓦里短枝则在着色和短枝性状上比第四代有了进一步的提高。

元帅系苹果果实圆锥形，顶部有明显的五棱突起，果形端正，高桩，平均单果重250克。果面底色黄绿，多被有鲜红色霞和浓红色条纹，着色系芽变为紫红色。果肉淡黄白色，肉质松脆，汁中多，味浓甜，或略带酸味，具有浓烈芳香，品质上。在河北保定地区果实9月上中旬成熟。

该品种若无良好贮藏条件，果肉易沙化，这一缺点限制了元帅系在我国的推广和发展。

8. **乔纳金** 美国纽约州农业试验站育成，亲本为金冠×红玉。1943年杂交，1968年发表。我国于1979年从荷兰和比利时分别引入，1982年又从日本引入。

果实圆锥形或近圆形，平均单果重250克。果面底色绿黄或淡黄，有鲜红晕，条纹粗细不一，着色面积1/2～2/3；果面光滑，有光泽，蜡质多，无果粉，无果锈。果点小，淡褐色或白色。果皮薄，果肉淡黄色或乳黄色，肉质中粗，松脆，汁液多，风味酸甜适度，品质上。该品种贮藏性中等，贮藏过程中不皱皮，但果面分泌油蜡多。在保定地区9月中旬成熟。

乔纳金生长势强，萌芽率高，成枝力强，枝条多斜生，下部长枝呈水平或下垂生长。结果早，果台枝连续结果能力强；花序坐果率高，花朵坐果率中等，采前落果少，丰产性强。该品种为三倍体品种，不能作为授粉树。

9. **金冠** 又名金帅、黄香蕉、黄元帅，原产美国弗吉尼亚州。1914年，Anderson H. Mullin在美国弗吉尼亚Clay郡自己的果园内发现的偶然实生苗，1916年由斯塔克兄弟种苗公司命名发表并推广。

果实长圆锥形或长圆形，顶部五棱突起明显。平均单果重200克。果面底色黄绿，稍贮后全面金黄色，阳面微有淡红晕；果皮薄，较光滑，梗洼处有辐射状锈纹。果肉黄白色，肉质细，刚采收时脆而多汁，酸甜适口，芳香味浓，品质上，贮藏后稍变软。在河北保定9月中下旬成熟。

该品种树势强健，幼树枝条较直立，萌芽率、成枝力均较高，栽后3～4年结果。有腋花芽结果的习性。成龄树长势中庸，树姿开张，以短果枝结果为主，连续结果能力较强，丰产、稳产性好。

该品种在比较温暖地区栽培，果实表现风味淡、偏酸、硬度小，非气调贮藏条件下，硬度更差。在渤海湾地区及黄河故道地区果面常有果锈，而在西北冷凉、干燥地区则表现为果面光洁无锈且风味浓。

金冠是容易发生芽变的品种，世界上发现的金冠芽变品种有30～40个。其中较为著名的有金矮生、斯塔克金矮生、黄矮生和无锈金冠等。其中无锈金冠是金冠无锈芽变，其果皮光滑如蜡质，肉质松脆。其他3个为金冠的短枝型芽变。金矮生比金冠树体小1/5～1/3，但金矮生有复原现象，复原率有时可高达30%，育苗时应从短枝性状良好的树上采接穗。

## （三）晚熟品种

**1. 富士系**　富士是日本从国光×元帅杂交后代中选育。1939年杂交，1958年以东北7号发表，1962年正式登记命名为富士，开始推广。我国于1966年开始引入富士进行试栽。

果实近圆形，稍偏肩，平均单果重200～250克。果面底色淡黄，着条纹状或片状鲜红色，果皮薄。果肉黄白色，肉质细脆，果汁多，酸甜适度，有香气，品质上。在河北保定10月下旬至11月初成熟。耐贮藏，可贮藏至翌年4～5月，贮后品质不变，风味尤佳。

树势强健，树姿开张。萌芽率高，成枝力强。

该品种易感染轮纹病。抗寒性一般，幼树越冬性差。

富士是一个容易产生芽变的品种。近些年来我国和日本发现了许多富士的芽变品种，主要分为以下3类。

**（1）普通型着色芽变**　如日本选出的长富2号、2001富士，山东烟台选出的烟富3号、烟富8号、烟富10号以及河北农业大学选出的天红1号是我国主要应用的着色系富士类型。

**（2）短枝型芽变**　如日本选出的宫崎富士，山东惠民选出的惠民短枝富士，山东烟台从惠民短枝选出的烟富 6 号，以及河北农业大学选出的天红 2 号是目前我国富士主产区主要栽培的品种。

**(3) 早熟芽变** 日本秋田县平良木忠男于 1982 年在十七年生的富士上发现了成熟期提早 1 个月的早生富士品种。早生富士表现的优点是成熟期提前，但着色较差，且不耐贮藏。后来日本又从早生富士中选出着色更优良的红将军（红王将），其着色优于早生富士，已在生产上有大面积栽培。还有日本青森县从富士中选出的弘前富士，果实成熟期比富士早 35～40 天。早熟芽变在河北保定 9 月中旬成熟。

**2. 斗南** 日本青森县十和田市三浦小太郎从麻黑 7 号实生苗中选出。

果实圆锥形，平均单果重 280 克。果面底色黄绿，着鲜红色，套袋果实全面鲜红色，果皮较薄、光滑、无锈、有光泽，果点大。果肉黄白，肉质细、松脆多汁，风味酸甜，微香。较耐贮藏。在河北保定地区 10 月上旬果实成熟。

树体生长势强，树姿直立且强健。萌芽率、成枝力均达 70%以上，以中、短枝结果为主，有腋花芽结果习性，易成花，坐果率高，早果性强。

该品种在河北保定易发生霉心病，个别年份病果率可达 60%以上。

**3. 王林** 日本品种，为一偶然实生种，亲本可能为金冠×印度。1952 年命名。

果实长卵圆形，平均单果重 280 克。果面底色黄绿，光照特别好时，果实阳面亦能着些许红晕。果点锈褐色，大而明显，此为其典型特征。果肉黄白色，硬脆、多汁，味甜，香气浓，品质上。在河北保定 10 月上中旬成熟。

幼树生长势强，结果后渐渐缓和。萌芽率中等，成枝力强。树姿直立，分枝角度小，呈竖直生长状，且枝条硬脆，开张角度时要特别注意。成龄树以中短枝结果为主，果台枝连续结果能力强，花序坐果率中等。

4. **瑞雪** 西北农林科技大学杂交选育，亲本为秦富1号和粉红女士。2002年杂交，2008年开始结果，2015年1月27日通过陕西省品种审定委员会审定。

该品种生长势中庸偏旺，树姿较直立。节间短，具有短枝性状，平均节间长度为1.8厘米。萌芽率高，成枝力中等，易形成短枝。幼树期以腋花芽结果为主，成龄树以短果枝结果为主。果台副梢连续结果能力强。抗白粉病、较抗褐斑病等叶部病害。

果实圆柱形，平均单果重为296克。果形端正、高桩，果形指数0.9。果实成熟时底色黄绿，阳面着少量红晕，果点小、中多、白色，果面洁净，无果锈。果梗长2.45厘米、中粗，梗洼中广、中深，萼洼中深、广，萼片小、闭合。果肉硬脆，黄白色，肉质细，酸甜适度，汁液多，香气浓，品质佳。早果、丰产性强。果实成熟期较一致，无采前落果现象。在渭北中部地区10月中旬成熟。

5. **瑞阳** 西北农林科技大学选育，亲本为秦冠×富士。2004年杂交，2015年1月27日通过陕西省品种审定委员会审定。

树势中庸，树势弱于富士接近秦冠，树姿半开张。萌芽率高，成枝力强。

果个较大、整齐，平均单果重282克。果实成熟时底色为绿色，全面着色为鲜红色，果面光洁，果点较平、小、中多，果点浅褐色，果面蜡质中多，果粉薄。果梗中等长度、中粗，梗洼浅、中广、无锈；萼片小、直立、封闭，萼洼浅、广。果心小、正、中位，果肉黄白色，肉质细脆、多汁，酸甜适度，具香味。在渭北中部地区10月中下旬成熟。

6. **岳冠** 辽宁果树所以寒富×岳帅杂交育成。1996年进行杂交，2014年通过辽宁省非主要农作物品种备案并正式命名。

果实近圆形，果形端正，果形指数 0.86，平均单果重 225 克，最大单果重 480 克。果面底色黄绿，全面着鲜红色，色泽艳丽。果面光滑无棱起。果点小，梗洼深，无锈，蜡质少，无果粉。果肉黄白色，肉质松脆，中粗，汁液多，风味酸甜适度，微香，品质上。果实在辽宁葫芦岛地区 10 月中下旬成熟。

该品种树姿直立、开张，生长势强，枝条较软，自然情况下略下垂。萌芽率中等，成枝力中等。幼树以腋花芽和中长果枝结果为主，盛果期以中短枝结果为主，连续结果能力强。自花结实率较高，花序坐果率 73.3%，花朵坐果率 43.3%，丰产性好。

7. **国光** 美国品种，已有 200 多年栽培历史。1872 年从美国传入日本，20 世纪初从日本传入我国辽宁南部。50 年代以后在全国广为栽培，1980 年以前是中国苹果生产中的主栽品种。以后随着红富士品种的大量推广，其栽植面积不断下降。

果实扁圆形或扁圆锥形。平均单果重 150 克。果面底色黄绿色，被有暗红色彩霞或粗细不均的断续条纹。果面光滑，有光泽，无锈，蜡质中等，果粉较厚。果点中多，形状不规则。果梗中粗、较短，梗洼中深而广，萼洼浅、中广。果皮厚韧，果肉黄白色，肉质细脆、多汁，酸甜可口，味浓，无香气，品质上。极耐贮运。在河北承德地区成熟期为 10 月中下旬。

该品种幼树生长健壮，较直立。萌芽力及成枝力均较弱。初结果树以中、长枝结果为主，盛果期树以短果枝结果为主。坐果率高，花序坐果率可达 80%，花朵坐果率可达 50%，果台分枝能力强，丰产稳产性好。

## 二、优良砧木

生产上苹果主要采用嫁接法繁殖苗木，砧木是苹果嫁接苗的基础，直接影响树体的生长、结果、寿命及抗性和适应性等。因此，正确选用砧木，既可增强接穗品种对不良环境的抵抗能力，又可达到控制树体生长，实现早花早果、丰产稳产及改善果实品质等生产目的。

根据嫁接树进入结果期后成龄树的树高和长势，可把苹果砧木分为乔化砧和矮化砧。

## （一）乔化砧木

不同砧木种类的特性，是在原产地的自然生态条件下形成的，其对气候和土壤的适应能力，有很大的差异。因此，在苹果生产中，大都选用当地原产的砧木。我国是世界上苹果属植物最丰富的国家，劳动人民在长期的生产实践中对苹果砧木进行的选择和利用，各地苹果产区都积累了丰富的经验。目前应用比较广泛的有山定子、八棱海棠、楸子、新疆野苹果等。

1. 山定子［*Malus baccata*（L.）Borkh.］ 又名山荆子、山丁子，是我国东北、华北和西北地区常用的苹果砧木。

乔木，高达10米以上。新梢黄褐色，老枝暗褐色。冬芽卵形，先端渐尖，鳞片边缘微具茸毛，红褐色。叶片椭圆形或卵形，长3～8厘米，宽2～3.5厘米，先端渐尖，基部楔形或圆形，边缘有细锐锯齿。伞形花序，具花4～6朵，花直径3～3.5厘米。萼片披针形，先端渐尖，长5～7毫米。花瓣倒卵形，长2～2.5厘米。雄蕊15～20枚，长短不齐，约等于花瓣之半。花柱5或4，较雄蕊长。果实近圆形，横径0.8～1.0厘米，红色或黄色，梗洼及萼洼稍陷入，萼片脱落，9～10月成熟。种子小，黄褐色，千粒重7克左右。种子后熟期较短，在0～2℃条件下，沙藏25天即可通过后熟。

山定子与苹果品种嫁接亲和力强，嫁接苗生长健壮，结果早，产量高。抗寒性强，根系深长，须根发达，抗涝、耐瘠薄。但不耐盐碱，在pH 7.8以上的土壤中容易发生黄叶病。在黄河故道地下水位高的盐碱地段，山定子砧生长不良，死亡率高。

**2. 八棱海棠**［*M. robusta*（Carr.）Rehd.］ 是我国华北平原、黄河故道、秦岭北麓等苹果产区的优良乔砧。

叶片卵圆形或椭圆形，长5～10厘米，宽3～6厘米，先端急尖，基部宽楔形或近圆形，边缘有细锐锯齿，叶正面深绿色，背面多柔毛，呈灰绿色。花多为白色，仅极少为淡粉红色。果实扁圆形或近圆形，横径2～2.5厘米，果面黄绿色至红色或深红色，萼片半脱落，顶部和基部有不规则褶纹。果心小，每果有种子2～7粒。种子卵圆形，褐色，饱满。

根系深广，幼树生长势强，始果期早，以短果枝结果为主，连续结果能力强。八棱海棠与苹果嫁接亲和性良好。其适应性和抗逆性均较强，对干旱和湿涝的耐力中等，耐盐碱，但在冬季低温达−26℃以下的地区易发生冻害，不宜利用。

**3. 楸子**［*M. prunifolia*（Willd.）Borkh.］ 原产我国，分布于华北、西北、东北及长江以南各地。楸子是我国西北、华北地区常用的苹果砧木。

落叶小乔木，高3～8米。嫩枝密被柔毛，老枝灰褐色。叶片卵圆形或椭圆形，先端渐尖或急尖，基部圆形或宽楔形，叶缘有细锐锯齿，嫩叶密被短柔毛。伞形花序，每花序具花4～10朵，花直径4～5厘米。萼片三角披针状，长7～9毫米。花瓣倒卵形或长倒卵形，淡粉红色，雄蕊20枚，花柱4～5，高于雄蕊。果实8～9月成熟，卵圆形或圆锥形，横径2～2.4厘米。果面黄绿色或微具红色，萼片宿存，萼基肥厚隆起、微突，果梗细长，萼片宿存。果肉乳黄色，较细脆，汁中多，味酸涩，有香味。每果3～4粒种子，种子深褐色，短小钝圆。每千克种子4万～6万粒。适宜层积天数50～80天。

根系分布深、广，抗旱、抗寒，耐涝、耐盐碱、耐瘠薄，对苹果绵蚜和根头癌肿病也有抵抗力。楸子与苹果嫁接亲和性良好，砧穗生长一致，无大小脚现象。

**4. 新疆野苹果**［*M. sieversii*（Ledeb.）Roem.］ 又名塞威

士苹果。该砧木是陕西、甘肃、新疆等地常用的苹果砧木。

小乔木或乔木，高 2～8 米。小枝粗短，嫩枝有短柔毛，二年生枝暗灰红色，具圆或长圆形皮孔。叶片卵圆形或倒卵形，(6～10) 厘米×(3～5) 厘米，先端钝尖，基部楔形，边缘有钝锯齿；幼叶下面被以长柔毛，老叶叶脉疏生柔毛。伞形花序，每花序具花 3～6 朵，花冠直径 3～3.5 厘米。萼筒钟状，萼片宽披针形，先端渐尖，花瓣倒卵形，花蕾紫色，开放后粉红色。雄蕊 20 枚，花丝长短不一，花柱 5，与雄蕊等长。果实圆球形至圆柱形、扁圆形或圆锥形不等，两端有浅洼，直径 2.5～3.5 厘米。种子卵圆形、褐色，无光泽。

根系分布深、广，抗寒、抗旱，耐瘠薄、耐盐碱，与苹果品种嫁接亲和性良好。对白粉病抗性较弱。新疆野苹果类型较多，利用其作砧木时应选择优良类型为采种母树。

**5. 平邑甜茶** 原产山东省平邑县白云岩一带的蒙山山区，属湖北海棠（*Malus hupehensis* Rehd.）的一个类型。

果实圆形稍扁，平均单果重 0.58 克。果实底色黄，阳面有鲜红晕，果面有锈色小斑点；果梗较细，长 3.2～3.4 厘米，浓紫色和淡红色，无梗洼；萼片脱落，萼洼广平。果肉黄色，味涩。每果种子数 1.8 个，饱满种子 57.5%。种子黄褐色，千粒重 11.0 克，层积天数为 43 天。

平邑甜茶无融合坐果率 90.5%～93.6%。根系发达，根量较多，但分布较浅。耐涝、耐旱力中等，对盐碱的适应力中等，嫁接苹果树后生长高大，有大脚现象。适于土壤黏重、气候温暖多湿地区作砧木。

## （二）矮化砧木

**1. M 系** M 系砧木是英国东茂林（East Malling）试验站选育，其中 M9 和 M26 在我国应用较为广泛。

**(1) M9** 原名黄色梅兹乐园（Paradise Jaune de Metz），19

世纪70年代末在法国梅兹从自然实生苗中选出，1937年正式命名发表，中国1958年引入。M9属矮化砧木（树冠大小为实生砧的25%～35%），为世界上最常用的矮化砧木，尤其在欧洲被广泛应用。

M9树姿直立，树势强。主干黄褐色，皮孔大而密，圆形或椭圆形，黄色。枝条粗壮，基部稍向一侧弯曲，枝条红色至银白色，稍有茸毛，在芽节两侧有小瘤状突起；皮孔较小，黄色，圆形，稀疏。叶片卵圆至椭圆形，叶色浓绿，平展，革质，厚而黑，上表面有光泽；叶缘锐锯齿，先端锐尖。根系分布较浅，主要分布在20～60厘米土层内，质较脆，易断裂。

M9既可用于自根砧，也可用作中间砧。自根砧表现大脚，中间砧表现有粗腰现象。早果性强，嫁接多数苹果品种在定植第二年即可开花，果实品质风味亦佳。但其根系小且分布较浅，固地性较差，木质脆而易断，嫁接树需设立支架。压条生根力中等，在灌溉条件下生根较好。抗寒性差，根系最低生存温度为－9.6℃，耐盐碱，较耐湿，但不耐旱。抗冠腐病，易感染火疫病。

为解决M9原系（包括脱毒M9EMLA）繁殖系数低的问题，欧洲主要苹果栽植国家进行了M9优系选育，如荷兰选育出了NAKBT337－340、Fleuron56，比利时选育出了Nicolai29，德国选育出了Burgmer，法国选育出了Pajam1和Pajam2。其中M9T337近年来在我国苹果生产中应用较广。M9T337是荷兰木本植物苗圃检测服务中心（NAKTUINBOUW）从M9中选出来的脱毒M9矮化砧木优系，又称NAKBT337，比M9矮化程度大20%，易压条繁殖。意大利、法国、荷兰等国广泛推广的高纺锤形果园多采用这种矮化砧。该砧木具有更好的苗圃性状，除了压条易繁殖外，还能在春季利用硬枝进行扦插育苗，苗木生长整齐。

**（2）M26** 英国东茂林试验站以M16×M9为亲本杂交育

成，1957 年发表，中国 1974 年引入，属矮化砧木（树冠大小介于 M9 和 M7 之间）。

该砧木树姿开张，树势强旺。主干灰褐色，皮孔大、圆形或椭圆形、黄色、较密。新梢褐色，上有稀疏、明显的皮孔，侧枝少。叶片大、厚，平展，长卵圆形，革质，叶基宽楔形，叶缘锐锯齿，呈波浪状，先端渐尖。花蕾粉红色，花白色。果实扁圆形，果皮黄色，果点较大，中密。

M26 固地性优于 M9，耐寒，能耐短期－17.8 ℃的低温，抗旱性较差，不耐潮湿、黏重土壤。抗软枝病和花叶病病毒，但不抗苹果绵蚜，易感染颈腐病和火疫病。作中间砧时，与主要品种嫁接亲和性较好，有大脚现象，成龄树有偏冠现象。M26 的越冬能力与 M9 相似，适宜在年均温 10～12 ℃以上的地区栽培。

**(3) M7** 为道生苹果混杂类型，属半矮化砧（树冠大小为实生砧的 55%～65%）。M7 是美国生产上最常用的砧木，在世界各苹果产区均有应用。

M7 树姿直立，树势强。主干黄褐色，皮孔中大、扁长、黄色、密度中。新梢细长，枝条灰白褐色，皮孔白色，圆形，中大，中密。叶片阔卵圆形，叶面平展，先端锐尖，叶缘具尖锐深锯齿，边缘呈波浪状，托叶小。

该砧木根系发达，须根多，分布较深，主要分布在 100 厘米土层内；容易压条生根，繁殖率高。M7 嫁接亲和性较好，有小脚现象。其对土壤适应性强，较抗旱、抗寒，也耐瘠薄，但不耐涝；抗苹果软枝病和花叶病及小果病毒病，易患根头癌肿病。

**2. CG 系** 美国康奈尔大学与吉内瓦农业试验站合作，于 1953 年从 M8 的自然授粉实生苗中选出，父本可能是 M1～M16、旭和君袖，共 158 个品系，编码为 CG（Cornell Geneva）系列。

**(1) CG24** 树姿直立，树势强。主干黄褐色，皮孔大、密、圆形或扁圆形、黄色。一年生枝紫褐色、较直立，节间较长，皮孔小、较密、圆形、黄色。叶片中大，椭圆形，先端渐尖，基部圆形，质地较厚，有褶皱，叶缘锯齿大、钝，有的叶尖呈扭曲状，叶柄基部带红色。顶芽停止生长后叶片形成簇状，基部枝杈较多。

CG24 矮化效果相当于 M26。以 CG24 为中间砧嫁接的红富士苹果结果早、产量高，四年生树结果株率和单株产量均比 M26 要高；根蘖株率明显减少，砧段发生气瘤少。抗寒性与 M7 相近。

**（2）CG80** 植株树姿直立，树势强。主干黄褐色，皮孔大、密、圆形或椭圆形、黄色。一年生枝赤褐色、直立，节位膨大，侧芽小，钝三角形，比 CG24 饱满，皮孔圆形、大、密、土黄色。叶片卵圆形，先端渐尖，基部近楔形，叶缘锯齿粗钝，复锯齿。

CG80 作中间砧与平邑甜茶（基砧）和红富士苹果（品种）嫁接亲和性良好，早果性强，产量高，根蘖萌发较少；嫁接树生长势比 CG24 弱，抗寒性不及 CG24。我国自 20 世纪 90 年代引种试栽结果表明，该砧木嫁接亲和性比 M26 强，树体大小为 M26 的 100％～130％，CG80 作中间砧嫁接的红富士 4～6 年生树平均株产比 M26 高 26％～99％，果实品质与 M26 相近，综合性状优于 M 系及 MM 系。

**3. B系** 前苏联米丘林大学布达戈夫斯基教授用 M8×Red Standard 杂交育成的抗寒矮化砧木，适应俄罗斯中部严寒气候。

**（1）B9** 又名红叶乐园，为矮化砧，致矮性与 M26 相当，比 M9 稍大。

该砧木树姿开张，干性弱。主干红褐色，皮孔圆形、较密。一年生枝暗褐色，皮孔较小、圆或长圆形、灰色、稀。叶片大，卵圆形或椭圆形，紫红色，质地较薄，平展，个别微上卷；叶基圆形，先端渐尖或急尖，叶缘锯齿大、钝，裂刻中深，叶柄淡紫红色，嫩梢淡褐色，嫩叶紫褐色，被白色茸毛是其明显特征。花紫红色。

B9 砧穗亲和性好，丰产性介于 M9 和 M26 之间。抗寒性优于 M9，不容易生根繁殖，适宜作中间砧。抗冠腐病，但易感火疫病和苹果绵蚜。该砧木抗寒，适作寒地中间砧。

**(2) B118**　为半矮化砧。

B118 一年生枝紫褐色，细长而软，皮孔小而稀、圆形、黄白色。芽中大，呈三角形，贴伏于枝上。嫩梢及嫩叶均为紫红色，并被有较密的茸毛。幼叶随叶龄增加，由紫红色逐渐变为浓绿色；成叶卵圆形，长 8.2 厘米，宽 6.2 厘米，叶背有较密的茸毛，叶尖渐尖，叶基圆形，叶缘有较尖的重锯齿，叶柄长 1.5 厘米、紫红色。果实较小，圆锥形，平均单果重 25 克，果柄长 3.5 厘米、紫红色，较 B9 鲜艳美观。B118 的嫩叶、花蕾、花瓣、果肉、木质部均为紫红色，比 B9 更为艳丽。

该砧木压条生根良好，繁殖率高，根系分布较深，固地性较好，其抗寒力较 B9 强，根系可耐－16 ℃的低温，地上枝干部分也较 B9 更耐寒。B118 与苹果品种嫁接亲和性良好，无因风断裂现象，加粗生长较品种慢，作中间砧有细腰现象。

**4. JM 系**　日本农林水产省果树试验场苹果分场（原盛岗分场）于 1972 年用圆叶海棠与 M9 杂交，选出 10 个单株，编号 1～10。1985 年，改名为盛岗系，编号不变。经过 10 年定点区域试验，从中选出 5 个优系，正式以选出地日本-盛岗（Japan-Morioka）第一个字母 JM 命名该砧木系列，登记注册。

**(1) JM7**　树姿开张，树体小，树势中等。一年生枝条粗，节间长度中等，皮孔大、较多，新梢的茸毛少。叶片长度中等，叶色浓绿，托叶长圆形，叶柄短，叶缘锯齿钝圆形。果实扁圆锥形，无棱柱，花萼闭合，萼洼极浅。梗洼浅、宽度中等。果实极小，平均单果重 27 克。果皮底色黄绿色，果面黄色，条纹不明显，锈果少或无，无锈状果点，果点小、密度大。果实光亮，光洁度中等。果梗极细长，果梗无肉瘤。果心圆锥形，果肉黄色、易褐变、硬度中等，果肉粗糙，蜜腺少或无，甜度高，酸味大，有涩味，香气少，果汁中等多。种子小，数量中等多，倒卵圆形。在育成地（岩手县盛冈市）10月上中旬成熟。

JM7为矮化砧木，具有与M26相似的矮化性状，与红富士苹果嫁接亲和性良好，有小脚现象。其丰产性比M9、M26高。嫁接苗定植后第四年开始结果，嫁接的红富士与以M9、M26作砧木的比较，果实大小差异不明显，但硬度和糖度稍高，着色良好。JM7极易扦插繁殖，休眠枝扦插生根率高达94%。耐涝性较强，抗根部病害，抗苹果疫腐病、苹果绵蚜、苹果斑点落叶病及苹果茎痘病毒等。其较抗寒，在−16.7℃低温下可正常越冬。

**（2）JM8** 树姿半开张，树体小，树势中等。一年生枝条粗，节间长度中等，皮孔大而数量较多，茸毛状突起少或无。叶片长，圆形，叶缘钝锯齿，叶色浓绿，茸毛状突起少，托叶中间型，叶柄短。果实长圆形，无柱状突起，萼片闭合，萼洼浅而宽，梗洼深度和宽度一般。果实极小，平均单果重25克。果皮底色及面色为黄色，果面条状着色不明显，锈果少或无，果点小、密度一般、不突起，果皮光亮、无微裂。果梗细、中等长。果心短圆形，果肉黄色，易褐变，硬度中等，肉质较粗，蜜腺少或无，甜味大，酸味强，有涩味，香味小，果汁中等多。种子少，倒卵圆形，数量一般。发芽期及开花期晚，果实成熟期早，果实在选育地（岩手县盛冈市）9月中下旬成熟。

JM8为矮化砧木，矮化性与M9相似。可扦插繁殖，休眠枝扦插生根率达97%。与红富士等苹果品种嫁接亲和，略有小脚，丰产性比M9、M26高。嫁接苗定植后第四年开始结果，果实大小与以M9作砧木的相近；果实可溶性固形物含量和硬度提高，着色晚。该砧木抗苹果疫腐病、苹果绵蚜、苹果斑点落叶病、苹果黑星病；耐涝性较弱；较抗寒，在−16.7℃低温下可正常越冬。

5. G系　康奈尔大学选育的系列苹果矮化砧木。

**(1) G41**　1975年在纽约吉内瓦利用M27×Robusta 5杂交育成。G41属矮化砧木，致矮性与M9相当（嫁接品种后树高为乔砧对照的30%～35%）。

G41灌木、无中心干。一年生枝条为灰橘黄色，三年生枝干灰褐色，有纵向裂纹。皮孔灰橘黄色。侧芽无茸毛，顶芽有茸毛。叶片长卵圆形，基部近圆形对称，先端渐尖，边缘锯齿尖锐。每花序5～6朵花，花直径为40毫米，无特殊香味，花瓣匙形、顶端钝、边缘光滑，花蕾红色，花白色。果实长椭圆形，纵径30～35毫米，横径30～35毫米，果皮橘黄色，着红晕，萼片宿存，口感涩，果肉橘黄色。种子泪滴形，灰红色，每果有5粒种子。

G41可作自根砧，适宜作中间砧；早果、丰产，早花早果性与M9相当，嫁接品种帝国产量显著高于M26、M9和M7，无大小年。抗苹果火疫病、冠腐病、白粉病和苹果绵蚜，抗重茬。

**(2) G202**　M27×Robusta 5的杂交后代。G202属矮化砧，砧致矮性与M26相当（嫁接品种后树高为乔砧对照的35%～45%）。

该砧木一年生枝条为灰红色至灰橘色，二年生枝条灰褐色，皮孔灰绿色。叶片卵圆形，基部近圆形对称，先端急尖，边缘锯齿呈波浪状，无托叶。每花序5～6朵花，花直径为40毫米，无特殊香味，花瓣匙形、顶端钝、边缘光滑，花蕾粉红色，花白色。果实扁球形，底色为橘色，着红晕，纵横径为3厘米，萼片宿存，口感涩。种子细长球形。

G202可作自根砧，也可作中间砧；早果、丰产，早花、早果性与M27相当，嫁接品种帝国产量与M9相当，无大小年。抗苹果火疫病、冠腐病、根腐病，对苹果绵蚜免疫，部分抗重茬。G202固地性好、易生根繁殖。

**（3）G210** 1975年在纽约吉内瓦利用Ottawa 3×Robusta 5杂交育成。2013年1月22日获得专利。G210属半矮化砧木，致矮性与M7相当（嫁接品种后树高为乔砧对照的50%～60%）。

该砧木一年生枝条为灰红色（向阳面）至灰橘色（背阴面），三年生枝干灰绿色，皮孔灰橙色。叶片长卵圆形，基部近圆形对称，先端渐尖，边缘锯齿尖锐。每花序5～6朵花，花直径为40毫米，无特殊香味，花瓣匙形、顶端尖、边缘光滑，花蕾红色，花白色。果实长椭圆形，纵径30～35毫米，横径30～35毫米，红色，萼片有时宿存，口感涩，果肉橘黄色。种子泪滴形，灰红色。

G210可作自根砧，也作中间砧。早果、丰产，早花、早果性与M26相当，嫁接品种帝国产量显著高于M26、M9和M7，无大小年。该砧木抗苹果火疫病、冠腐病、白粉病和苹果绵蚜，部分抗重茬；抗寒、固地性好。

**6. SH系** SH系砧木是山西省农业科学院果树研究所1978年以国光×河南海棠杂交选育的系列砧木，经过十几年田间调查，对矮化、抗性等测定，初选出单系60个，将该组合定名为SH系。目前应用比较广泛的有SH6、SH38、SH40等。

**（1）SH6** SH6为矮化砧木。在北京地区苹果矮砧密植栽培中应用广泛。

该砧木树干灰褐色，光滑，一年生新梢黄褐色，侧芽三角形、饱满。叶片掌状，成熟叶片浓绿色，较其他砧木大，叶基卵圆形，叶尖渐尖，叶缘尖锐锯齿。花蕾白色，花瓣离生，呈卵圆形。果实圆形，平均单果重11克左右。果实成熟时果皮底色黄白，果皮表面为红色，萼片宿存、聚合、浅广。

SH6与基砧和金冠、红富士、羽红等品种嫁接亲和性强。红富士/SH6/八棱海棠树体整齐、树冠大小株间差异小。SH6作中间砧嫁接红富士的矮化效应与M26相似。该砧木可用高接、压条和组织培养等方法进行繁殖。其抗逆性明显优于M26，具有较强的抗寒性、抗旱性、抗抽条性。

**（2）SH38** SH38 为矮化砧木。树干灰褐色、光滑，一年生新梢红褐色、具茸毛，侧芽三角形、饱满。叶片掌状，叶面微卷，成熟叶片浓绿色，裂刻不明显，叶基卵圆形，叶尖渐尖，叶缘锐锯齿。花蕾白色，花白色，花瓣离生，呈卵圆形。果实圆形，果实平均单果重 12 克左右。果实成熟时果皮底色黄白，果皮表面为红色，萼片宿存、聚合、浅广。

SH38 与羽红、金冠、丹霞、红富士等品种嫁接亲和性强。其致矮能力与 M9 相当。SH38 嫁接红富士定植 2～3 年全部开花结果，盛果期果园亩产量在 3 000 千克，一级果率 80%以上，果实可溶性固形物含量可达 16%以上。SH38 可用高接、扦插和组织培养等方法进行繁殖。其抗旱、抗骤寒、抗抽条、抗倒伏。

SH38 在河北省石家庄、保定等地应用较为广泛。

**（3）SH40** SH40 为矮化砧木，致矮能力与 M9 相当。树干灰褐色、光滑，一年生新梢红褐色、具茸毛。叶片掌状，成熟叶片浓绿色，阔卵圆形，叶尖渐尖，叶缘尖锐锯齿，较 SH38 小。花蕾白色，花白色，花瓣离生，呈卵圆形。果实圆形，果实平均单果重 13 克左右，果实成熟时果皮底色黄白，果皮表面为红色，萼片宿存、聚合、浅广。

SH40 与金冠、丹霞、红富士、羽红等品种嫁接亲和性强。SH40 作中间砧上嫁接天红 2 号，七年生树每亩产量可达 4 000 千克，果实品质优良，平均单果重 269.2 克。SH40 抗旱、抗骤寒、抗抽条、抗倒伏，可用高接、扦插和组织培养等方法进行繁殖。

SH40 在河北省、山东省、辽宁省、陕西省均有应用，以在河北石家庄、保定等地应用最为广泛。

7. **青砧系列**

**（1）青砧 1 号** 青岛市农业科学院果茶研究所于 1999 年用平邑甜茶为母本、柱形苹果株系 CO（*Malus domestica* Borkh.）为父本通过杂交获得，原编号为 PCO2000。2007 年 7 月通过山东省科学技术厅科学技术成果鉴定。青砧1号属于半矮化砧木，适于在环渤海湾、黄土高原等中国苹果主产区应用。

青砧1号树姿抱合，树势中等，树形柱形。树干青褐色，皮孔大、圆形、稀疏。一年生枝深绿色，粗壮。叶片长卵圆形，成熟叶片暗绿，稍抱合，叶缘波浪状。果实圆形，平均单果重9.2克。每果种子数4.1个，饱满种子100%，种子千粒重41.4克。种子层积时间为45天。

青砧1号可用种子繁殖，无融合生殖坐果率97.0%～98.1%，实生苗整齐，成苗率高。其作为基砧嫁接嘎拉、烟富3和烟富6等品种，亲和性好，嫁接树抗重茬病能力强，并且成花早，产量高，果实品质优。

**(2) 青砧2号** 青岛农业科学院果茶研究所于1996年用γ射线处理平邑甜茶层积种子获得的矮生突变体，原编号为A1，属于半矮化砧木。

青砧2号树冠圆形，树姿开张，树势中等，树形分枝形。树干青褐色，皮孔圆形、稀疏。一年生枝绿色，较短粗。叶片长卵圆形，成熟叶片暗绿，表面光滑。青岛地区10月下旬果实成熟，果实圆形，平均单果重0.6克。种子千粒重8.0克，种子层积时间为49天，发芽率80%。

青砧2号可用种子繁殖，无融合生殖坐果率88.9%～95.0%。其与目前主栽品种富士、嘎拉、乔纳金等嫁接亲和性良好；青砧2号作基砧，嫁接树的株高与树体小于平邑甜茶作基砧、大于M26作中间砧的嫁接树，与M7作中间砧的嫁接树相当。

**8. Y系** 山西省农业科学院果树研究所利用野生晋西北山定子资源采取大群体实生选育而成的矮化砧木。

**(1) Y-1** 2013年7月通过山西省农作物品种审定委员会审定。Y-1适宜我国大部分苹果主产区栽植。

Y-1植物学性状与普通山定子无明显差异。树姿直立，树势中庸。主干灰褐色，皮孔圆形或扁圆形、中大、中密、红色。一年生枝条红褐色，皮孔圆形或椭圆形、中大、较稀、黄色，枝梢茸毛少、白色。幼叶橙红色，叶片长椭圆形，叶面平展，叶色淡绿，边缘具锐锯齿，叶尖长尾尖。嫁接苗3年开花，花蕾粉红色，花白色，每花序有5～6朵花。果实近圆形，直径0.8～1厘米，红色，脱萼，萼洼有圆形锈斑。

Y-1与八棱海棠、基砧山定子，长富2号、丹霞、嘎拉等品种亲和性好，大小脚现象不明显，且嫁接口结合牢固，无风折、劈裂等现象。Y-1作中间砧，早果、丰产性好，色泽艳丽，可溶性固形物含量高。抗寒、抗旱，抗腐烂病。

**(2) Y-2**　2015年通过山西省农作物品种审定委员会审定，原代号Y-B094，属矮化砧。Y-2在山西、西藏等地有一定面积的栽植。

Y-2主干黄底黑斑，呈花皮状，表皮粗糙，多裂，是区别于普通山定子的明显特征之一。一年生枝条红褐色，皮孔圆形、中大、中密、黄色，枝梢茸毛较少、白色。幼叶橙红色，叶片长卵圆形，平展，叶色绿，叶背无茸毛，边缘具锐锯齿，叶尖长尾尖。花蕾粉红色，花白色，每花序有5～6朵花。果实球形，直径1厘米左右，红色，脱萼，萼洼有圆形锈斑。

与基砧山定子及长富2号、丹霞、嘎拉等品种亲和性好，略有小脚现象，嫁接口结合牢固，无风折、劈裂等现象；嫁接品种早花、早果性好。Y-2嫁接长富2号，果实固形物含量高、硬度大、耐贮存。以Y-2作砧木，植株抗寒、抗旱能力强。

**(3) Y-3**　2015年通过山西省农作物品种审定委员会审定，原代号Y-C002，属半矮化砧。山西、西藏等地有一定面积的栽植。

Y-3主干黄褐色，粗糙。一年生枝条黄褐色，皮孔圆形、中大、较密、黄色，枝梢茸毛少、白色。幼叶橘黄色，叶片阔卵圆形，多皱，反卷，叶色绿，叶缘具细锐锯齿，叶尖锐尖。花蕾粉红色，花白色，每花序有4～5朵花。果实圆形，直径1厘米左右，红色，脱萼。

Y-3与基砧山定子，长富2号、丹霞、嘎拉等品种亲和性好，略有小脚现象，嫁接口结合牢固，无风折、劈裂等现象；嫁接品种早花性好，果实品质显著高于对照SH1和晋西北山定子。以Y-3为砧木，植株抗寒、抗旱能力强。

9. GM系列

**（1）GM256** 吉林省农业科学院果树研究所1973年开始用西伯利亚酸苹果、美国酸苹果与M4、M7、M8、M9、山西祝7等砧木杂交，通过品种嫁接试验和砧木抗寒力观察，从实生苗中选出抗寒苹果矮化砧木GM256，属于半矮化砧木。在辽宁北部、河北坝上地区及吉林、黑龙江、内蒙古等地区应用。

GM256一年生枝条红褐色，新梢浅绿色，侧芽三角形、饱满。叶片卵圆形，成熟叶片浓绿色，叶基圆形，叶尖锐尖，叶缘具尖锐锯齿，不规则，叶背有茸毛。花蕾粉红色，花瓣重叠，呈圆形。果实圆柱形，平均单果重22克左右。果实成熟时果皮底色淡黄色，果皮表面为淡红色，萼片宿存、聚合、浅广。

GM256与基砧山定子，寒富和金红等品种嫁接亲和力好，早果、丰产。GM256砧木抗寒力强，可耐－42℃低温，较抗腐烂病、抗黑星病、早期落叶病。

**（2）GM310** 吉林省农业科学院果树研究所1974年以苹果红太平×M9杂交选育。2010年1月通过吉林省农作物品种审定委员会审定。

GM310多年生枝条棕褐色，一年生枝条暗红色，枝条粗壮，节间短。叶片阔椭圆形，深绿色，叶背灰绿色。两性花，花冠白色。果实扁圆形，平均单果重36.0克，最大果重54.0克，果实全红色。

GM310有矮生性，同时也有矮化性，嫁接金红苹果，树高是乔化砧树的60％～70％。与基砧和嫁接品种亲和性强，嫁接口牢固。GM310 作中间砧嫁接金红苹果，早果性、丰产性好。其抗寒力强，高抗苹果树腐烂病，枝干韧性好。

10. 冀砧系列

**（1）冀砧 1 号**　冀砧 1 号砧木为河北农业大学于 2001 年从 SH40 实生后代中选出，经分子鉴定其父本可能为红富士。2015 年通过河北省林木品种审定委员会审定并命名为冀砧 1 号，原代号为 111。

冀砧 1 号树干光滑，灰褐色。一年生枝条浅黄褐色，皮孔圆形，新梢无茸毛。叶片卵圆形，掌状裂叶，成熟叶片浓绿色，叶基截形，叶尖渐尖，叶缘重锯齿，锯齿尖锐，叶背白色茸毛、稀，叶柄浅绿色，基部红色。

冀砧 1 号与基砧八棱海棠以及红富士、王林、中秋王、嘎拉、凯蜜欧等品种亲和性良好，嫁接口基本无大小脚现象。冀砧 1 号作中间砧嫁接红富士，矮化性状明显，能够有效控制接穗品种树体大小并具有良好的枝类转换能力，早花、早果和丰产性良好，在不采取任何促花管理措施的条件下，定植翌年始花，三年生开花结果株率达 90%，成龄树亩产量为 3 000～3 500 千克。果实着色 90%以上，整齐度好，可溶性固形物含量 14.5%～16.5%。

冀砧 1 号作中间砧嫁接的苹果苗在河北省中南部地区一般不发生抽条现象，在不采取越冬保护措施条件下可安全越冬。

**（2）冀砧 2 号**　冀砧 2 号砧木为河北农业大学于 2001 年从 SH40 实生后代中选出，经分子鉴定其父本可能为红富士。2016 年通过河北省林木品种审定委员会审定并命名为冀砧 2 号，原代号为 36。

冀砧 2 号一年生枝条褐色，皮孔近圆形，新梢红褐色，生长势旺，有茸毛。叶片椭圆形，基部心形，叶缘重锯齿，叶背白茸毛、稀，叶柄基部灰红，其余灰绿。

冀砧 2 号与基砧八棱海棠以及红富士、王林、中秋王、嘎拉等品种亲和性良好，作中间砧嫁接红富士，矮化性状明显，早花、早果和丰产性良好。在不采取任何促花管理措施的条件下，以其作中间砧嫁接的红富士定植翌年始花，三年生开花结果株率达100%，成龄树亩产量3 000～3 500千克。果实着色90%以上，整齐度好，可溶性固形物含量高。

冀砧2号作中间砧嫁接的苹果苗在河北省中南部地区一般不发生抽条现象，在不采取越冬保护措施条件下可安全越冬。

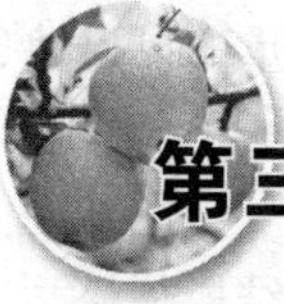

# 第三章　优质苗木繁育

苗木作为苹果种植的基础材料，其质量直接影响栽植成活率、果园整齐度、树体生长、果品的产量和品质、果园经济效益等。因此，培育品种纯正、砧木适宜、生长健壮、无检疫对象及病毒危害的优质苹果苗木，既是保证苹果早果、丰产、优质的物质基础，也是建设现代化苹果商品生产基地的重要条件。从质量和数量上满足中国苹果生产发展需要的优质苗木，是当前苹果育苗的主要任务。本章主要介绍苗圃规划设计、砧木培育、苗木嫁接、矮化自根砧苹果苗及矮化中间砧苹果苗的培育、苗木脱毒、苗木出圃等苹果苗木繁育的关键技术环节。

## 一、苗圃的规划设计

### （一）苗圃地的选择

#### 1. 地点选择

**（1）苗圃地的位置**　苗圃地应选在苗木需求地区的中心，可以减少苗木运输费用和运输途中的损失，同时所生产苗木对当地环境条件适应性强，栽植成活率高。苗圃地的交通要便利、远离污染严重的工矿企业等。苗圃地还应避开可能传染病害的树木及病虫害的中间寄主树木。

**（2）苗圃地的地形、地势**　选择排水良好、地势较高、地形平坦的开阔地或坡度为1°～3°的缓坡地为宜。坡度大的地块，应先修筑梯田。平地苗圃的地下水位宜在1米以下，并且一年中水位升降变化不大。地下水位较高（在1米以上）的地块、容易积水的低洼地、重盐碱地、寒流汇集地、风害严重的风口地、峡谷等，均不宜作为苗圃地。

2. 土壤与灌溉条件

**(1) 土壤** 一般以土层深厚、肥力中等、结构疏松、通透性良好的沙壤土、壤土为宜。黏重土、沙土、盐碱土可分别采用掺沙、掺土、修台田，再施用大量有机肥的方法进行土壤改良，然后育苗。土壤的酸碱度通常以中性、微酸性或微碱性为好，pH 6.5～7.5。

尽量避免选用重茬地以及各种老果园、林地、苗圃地等，育过苗的地要经过3～4年轮作后才可再育苗。常年种植茄科和十字花科等蔬菜地，易患猝倒病，也不宜用作苗圃地。

**(2) 灌溉条件** 苗圃地应靠近水源，以保证苗圃灌溉用水。在我国北部地区容易发生春旱，应根据土地面积准备水源，如挖井或筑塘坝等，保证灌溉。此外，还应注意水质，应该用淡水，含盐量不宜超过0.1%，勿用不利于苗木生长的污水灌溉。

## (二) 苗圃地的规划

1. 生产用地

**(1) 母本圃**

① 母本保存圃。主要任务是保存品种、砧木原种，向母本扩繁圃提供良种繁殖材料。母本保存圃包括砧木母本圃和品种母本圃，砧木母本圃提供砧木苗种子和无性砧木繁殖材料，品种母本圃提供自根果苗繁殖材料和嫁接苗的接穗。为了保证种苗的纯度，防止检疫性病虫害的传播，母本保存圃内禁止进行苗木嫁接等繁殖活动，无病毒苗木的母本圃要与周边生产性果园有50～100米间隔距离。

② 母本扩繁圃。主要任务是将母本保存圃提供的繁殖材料进行扩繁，向下一级苗圃（生产用苗繁殖圃）提供大量可靠的砧

木种子、自根砧木苗及插条、品种及中间砧接穗。母本扩繁圃包括品种采穗圃、砧木采种圃、自根砧木压条圃。

母本扩繁圃禁止在压条圃直接嫁接品种进行苗木繁殖，或分段嫁接品种繁殖中间砧，也不应在品种采穗圃、砧木采种圃进行嫁接换种工作。

**（2）苗木繁殖圃** 规划时要将苗圃地中最好的地段作为繁殖区，繁殖生产用苗，所用繁殖材料应来自母本扩繁圃。根据所培育的苗木种类分为实生苗繁殖圃、自根苗繁殖圃和嫁接苗繁殖圃。实生苗繁殖圃主要播种苹果砧木种子，培育苹果乔化砧木（实生砧木）；自根苗繁殖圃采用扦插、压条等方法培育苹果矮化砧木；嫁接苗繁殖圃采用嫁接方法，培育苹果品种苗木，包括乔砧苗、矮化自根砧苗和矮化中间砧苗。为了耕作管理方便，最好结合地形采用长方形划区，长度不短于100米，宽度可为长度的1/3～1/2。繁殖区要实行轮作倒茬。制定育苗轮作计划时，在繁殖区的同一地段上，同一类果树轮作年限一般为3～5年以上，不同种类果树间轮作的间隔年限可短一些。

**2. 非生产用地** 非生产用地一般占苗圃总面积的15%～20%。

**（1）道路** 结合苗圃划区进行设置。干路为苗圃与外部联系的主要通道，大型苗圃干路宽度6米左右。支路可结合大区划分进行设置，一般路宽3米。大区内可根据需要分成若干小区，小区间可设小路。

**（2）排灌系统** 结合地形及道路统一规划设置，以节约用地。苗圃的排灌水系统应形成网络，做到旱能浇、涝能排。目前，常用的灌溉方法有地面灌溉（包括漫灌、畦灌、沟灌）、喷灌、滴灌等。常见的排水方法有明沟排水、暗沟排水等。沟渠比降通常不超过0.1%。

**（3）附属设施** 包括办公室、宿舍、食堂、农具室、种子贮藏室、化肥农药室、苗木分级包装室、苗木贮藏窖、车库等。应选位置适中、交通方便的地点建筑，尽量不占用好地。

# 二、砧木苗的培育

## （一）砧木的类型

**1. 实生砧木** 采用种子繁殖的砧木，多应用近缘野生种或半栽培种。实生砧木的优点是主根强大，根系发达，入土较深，抗旱、耐瘠薄、对外界环境条件适应能力强、寿命较长。但实生苗多数为异花授粉的后代，不易保持母树的优良性状，而且个体间变异较大，尤其在树冠大小、生长势、早果性、丰产性以及果实品质等方面个体间差异极大。少数种类具有无融合生殖特性，如湖北海棠、锡金海棠、变叶海棠、三叶海棠等，其后代生长性状整齐一致，变异性小。乔化砧和矮化中间砧苗木的基砧常采用种子繁殖，以增强苗木的抗逆性和适应性。

**2. 无性系砧木** 利用营养器官进行扦插、压条或组织培养等无性繁殖方法获得的砧木，优点是能保持母树的遗传特性，生长一致，缺点是自根苗无主根且根系分布较浅，适应性和抗逆性均不如实生砧木，而且寿命短，繁殖系数也较低。苹果矮化砧木主要采用无性繁殖，以保持苗木的矮化性整齐一致。

## （二）实生砧木的培育

### 1. 种子的采集和处理

**（1）种子的采集** 应选择品种纯正、类型一致、生长健壮、无严重病虫害的植株作为采种母树，同时还应注意其丰产性、优质性和抗逆性。待种子在母树上充分成熟时，采集发育正常、果形端正的果实取种。

果实采收后，可放入容器或堆放在背阴处，以促使果实后熟、果肉软化；在堆放过程中经常翻动果实，防止发酵造成温度过高损伤种胚。果实软化后取出种子，漂洗干净后，放在阴凉通风处阴干，不能暴晒。如果干燥处理，温度应控制在 40 ℃以下，并且缓慢升温，干燥后冷却。

种子干燥后，按照标准要求精选和分级，使种子纯度达到95%以上，以提高出苗率和苗木整齐度，便于苗木管理。

**(2) 种子的沙藏层积处理**

① 沙藏时间。苹果砧木种子开始沙藏时间应根据种子完成后熟所需天数、播种时间及当地立地条件等综合确定。苹果砧木种子完成后熟所需天数见表3-1（束怀瑞，1999）。一般西府海棠以12月下旬或1月上旬开始沙藏为宜，沙藏期为60天左右。楸子以12月上旬开始沙藏为宜，沙藏期为80～100天。新疆野苹果以12月中旬开始沙藏为宜，沙藏期为80～90天。

**表3-1　苹果砧木种子完成后熟所需天数**

| 种　类 | 层积天数（天） | 种　类 | 层积天数（天） |
|---|---|---|---|
| 山定子 | 25～40 | 海棠果 | 40～60 |
| 毛山定子 | 25～40 | 沙果 | 60 |
| 河南海棠 | 30～40 | 新疆野苹果 | 70 |
| 三叶海棠 | 30～40 | 吉尔吉斯苹果 | 70 |
| 湖北海棠 | 30～50 | 小海棠 | 60～80 |
| 西府海棠 | 40～60 | 苹果 | 60～80 |

② 沙藏法。将种子用冷水浸泡12～18小时。然后将浸泡后的种子与5～7倍的湿河沙混匀，沙的湿度为最大持水量的50%～60%。少量种子可用瓦盆或木箱等容器进行沙藏。大量种子沙藏时，可在背阴高燥处，挖沟贮藏，沟深0.8米，长、宽视种子量而定。先在沟底铺厚度5厘米的湿河沙，然后将湿河沙与种子混匀后平铺沟内，接近地面时再铺厚度10～20厘米的湿河沙。沙藏沟上面再盖土20～30厘米呈屋脊状，四周挖排水沟，每平方米插1个直径10厘米的草把深达沟底部，上部露出地面。有冷库条件的，可将种子与湿河沙混合后装入编织袋中，堆码在冷库里，注意保湿和通气。层积处理期间要保持环境的相对湿度

为60%左右、温度2~7℃。

待层积的种子有30%左右露白时，即可取出播种。如接近播种期，种子还未萌动，可提高沙堆温度，或者连同沙子取出，放在温暖处催芽。

2. 播种

**(1) 播种时期**

① 春播。冬季严寒、风沙大、土壤干旱、土质黏重或鸟、鼠害严重的地区，多进行春播。长江流域一般在2月下旬至3月下旬，西北、东北、华北地区在3月中下旬至4月上中旬。春播的种子必须经过沙藏或其他处理，使其通过后熟解除休眠才能播种。

② 秋播。冬季较短且不甚寒冷和干旱，土质较好又无鸟、鼠危害的地区可秋播。长江流域在11月上旬至12月下旬，华北地区10月中旬至土壤结冻前。

**(2) 播种方法** 播种前，苗圃地深翻40~50厘米，施足底肥，一般每亩施优质腐熟有机肥4~6米$^3$。采用行距50厘米条播，若计划人工起苗也可采用宽行行距50~60厘米、窄行行距25~30厘米的宽窄行双行条播。开沟深度2~3厘米，沟底压实，适量灌水，待水下渗后播种，耙平，覆盖地膜。在幼苗临近出土前除去地膜。

**(3) 播种量** 播种量因砧木种类、种子质量和播种方法不同而异，八棱海棠采用人工播种每亩播1.5~2.5千克，机械播种每亩播3.5千克。山定子采用人工播种每亩播1.0~1.5千克，机械播种每亩播2.5千克。

3. 播后管理

**(1) 间苗移栽** 地膜覆盖育苗，播种后10~15天即可出齐，此时破膜放苗。小苗长出3~5片真叶时，进行第一次间苗，株距10厘米左右。苗木长到5~6片真叶时进行第二次间苗和移栽，株距20~30厘米，移栽时宜带土，要随间出随移栽。间苗、移栽后立即灌水，使泥土淤满间苗后留下的孔隙，防止苗根漏风受害。

**（2）肥水管理**　在幼苗3～4片真叶时可以进行根外追肥，促进幼苗生长，前期以速效氮肥为主，后期喷施磷酸二氢钾。叶面喷肥的总浓度一般为0.2%～0.4%。幼苗长到20～30厘米以上时可结合降雨或灌水进行1～2次土壤追肥，每次每亩追施5～10千克尿素或多元复合肥，前期追肥量宜小。

露地育苗，苗木出土前和幼苗期，如土壤干旱，可在傍晚喷水保湿，注意禁止大水漫灌，以防止土壤板结。幼苗期灌水要适时适量。雨季降水过多时应及时排涝，防止苗木徒长。

**（3）病虫草害防治**　注意防治苗期立枯病、白粉病、缺铁黄叶病和蚜虫等病虫害。另外，苗圃杂草较多，应及时中耕除草。

**（4）断根**　8月下旬至9月，采用断根机断根，深度25厘米左右。若人工断根，用长方形铁锹在苗木行间一侧距苗木基部20厘米左右开沟，沟深10～15厘米，在沟中间用断根铲呈45°角向苗根斜蹬深20～25厘米，将主根切断，然后将沟填平踏实，浇水。

## （三）无性系砧木的培育

**1. 扦插繁殖**　扦插繁殖是繁殖矮化自根砧苗木的方法之一，除具备营养繁殖的基本特点外，还具有技术要求低、方法简便易行、取材容易、成苗迅速、繁育系数较高等优点。但是对带有病毒的繁殖材料很难彻底脱毒。

苹果矮化砧木的扦插繁殖，常用硬枝扦插和绿枝扦插。

**（1）硬枝扦插**　又称为成熟枝插，用已经木质化的成熟枝条进行扦插，方法简便易行、成活率高。

① 扦插时期。在春、秋两季均可进行，北方地区以春插为主。春插宜早，在土壤解冻后叶芽萌动前进行，华北、西北地区在3月上中旬，东北地区4月中下旬扦插较好。

② 插穗的准备。多在矮化砧木园中于秋冬季采集生长健壮、粗度一致、无病虫害、芽眼饱满、充分成熟、色泽正常的一年生枝条，剪留长度15～20厘米，上剪口在芽体以上1厘米左右剪平，下端剪成斜面，剪切时注意保护芽子；按50条或100条捆成1捆，贮藏在冷库、地窖或贮藏沟内，直立深埋在湿沙或锯末中，上部覆沙厚度5～6厘米，或用塑料布包裹；温度应保持在0～5℃。贮藏期间注意保持适宜的温度、湿度。

③ 整地。扦插前应细致整地，施足基肥，使土壤疏松，水分充足。扦插可采用垄作或床作，以垄作较为普遍。垄距50～60厘米，株距20～25厘米。

④ 扦插技术。扦插前接穗要浸泡一段时间，使其充分吸水。用适宜种类和浓度的植物生长调节剂处理，然后扦插，可提高生根率。将插穗插入提前用50%多菌灵可湿性粉剂500倍液进行喷淋消毒的基质中，使插穗露出地面的部分有1～2个芽，插后喷透水。

⑤ 扦插后的管理。扦插后，经常保持土壤湿润。育苗棚内扦插，温度高时，通过遮阳网进行遮阴降温，中午温度过高时通风降温。保证空气湿度，最好用自动弥雾设施调节湿度。适时追肥、松土、除草，还应注意摘除过早萌发的叶片，剪除多余的萌蘖，以减少插穗体内水分和养分的消耗。

**(2) 绿枝扦插** 又称为半成熟枝插，在植物生长期间，截取当年生半木质化带叶的枝条进行扦插。绿枝扦插对空气和土壤湿度要求严格。因此，多用室内弥雾扦插，使插条周围空气相对湿度保持100%。绿枝扦插可与嫁接剪砧配合进行。

① 扦插时期。一般在夏季6～7月。

② 插穗的准备。选取矮化砧母本园生长健壮、无病虫害植株，于无风的阴天或清晨，剪取其半木质化健壮新梢作为插穗。插穗剪留长8～12厘米，上端距上芽1.0厘米左右平剪，下端剪口在芽下1～3厘米处剪成斜面，注意剪口切面要平滑。保留上

部1～2个叶片。剪好后立即用湿润材料覆盖保湿。

③ 圃地。在具有人工弥雾装置的苗床，基质可用蛭石、细沙，或珍珠岩、草炭、蛭石等的混合基质，基质在扦插前一天用0.3%～0.5%高锰酸钾溶液喷淋消毒。

④ 扦插技术。选择夏季无风的阴天或晴天的早晨或傍晚，最好随采、随剪、随插。按株行距6厘米×10厘米扦插于苗床内。扦插深度一般为穗长的1/3～1/2，插前可用生长素类植物生长调节剂处理，如IBA、NAA、ABT生根粉等。

⑤ 扦插后的管理。扦插初期用塑料膜和遮阳网进行遮阴，遮光率50%。基质湿度保持在90%，空气相对湿度保持在90%～100%，白天温度保持在20～30℃，夜间15～20℃。每2周喷1次多菌灵药液，控制病菌。扦插后10～30天插条产生较多愈伤组织，初具吸水能力，揭开插床两侧塑料膜放风，并逐渐加大放风量和喷水量。插后30天多数插条已生根，可逐渐撤去遮阳网。当根系生长到2厘米左右时将幼苗移栽到营养钵内培育。

**2. 压条繁殖**　压条繁殖是在枝条不与母株分离的情况下，将枝梢部分埋于土中或包裹在能发根的基质中，促进枝梢生根，然后再与母株分离形成独立植株的繁殖方法。压条繁殖方法简便易行，成活率高，管理容易。但繁育系数较低，且生根时间较长，对带有病毒的繁殖材料很难彻底脱毒。苹果矮化砧木的压条繁殖，常用水平压条和垂直压条。

**(1) 水平压条法**

① 时期。多在春季多数芽萌发后（5月下旬）进行。

② 方法。母株按行距1.5米、株距30～60厘米定植。植株与沟底呈45°角倾斜栽植。选用生长健壮、长势良好且无病虫害的母株上的一年生枝条，剪去枝梢不充实部分，抹除母株苗干基部和梢部的芽。顺母株栽植的倾斜方向将枝条压倒在略低于地面的栽植沟中，使其低于地面2～3厘米，第一株苗压倒后梢部用

第二株苗的基部压住，第二株苗压倒后梢部用第三株苗的基部压住，以此类推，或用塑料薄膜带将相邻两株矮化枝条首尾绑缚于浅沟中。用小竹棍十字交叉固定压住埋入地下的砧苗，防止苗干压倒后中部鼓起。

待多数新梢长到15～20厘米时，大约在6月中旬，进行第一次培锯末，培锯末前先把新梢基部的叶片摘除，用湿锯末培在新梢基部，厚度约为10厘米。也可先灌水、后培锯末，以保持土壤湿润。20～30天后即可发根。1个月后进行第二次培锯末，两次培锯末厚度共30厘米左右。

③ 压条后的管理。保证基质含水量为田间最大持水量的60%～80%，做到旱时浇水，涝时排水。结合灌水每亩追施磷酸氢二铵10千克。防治病虫害时，可加喷2次0.3%磷酸二氢钾，促进砧木苗生长健壮，根系良好。枝条基部未压入锯末内的芽处于顶端优势地位，应及时抹去强旺蘖枝。

④ 起苗。当年晚秋、初冬时，将苗床培的锯末全部扒开，露出水平压倒的母株苗干及其上一年生枝基部长出的根系；将每个生根的一年生枝在基部留1厘米的短桩剪下成为砧木苗，短桩上的剪口要略微倾斜，以便下一年从剪口下萌发新梢后可继续进行培锯末生根，也可将靠近母株基部1～2根生长中等的枝条保留，供翌年再次水平压条用。剪下的砧木苗分级后，窖藏沙培越冬。

压倒的母株苗干及苗干上留下的一些有根的短桩则留在原处。母株苗干上长出的未生根的一年生枝可留在原地不剪，作为母株继续水平压条，压倒时应与原母株苗干平行，并有10厘米的间距。母株苗干上长出的未生根的细弱枝全部剪除。

剪苗后的原母株苗干，重新培锯末灌水越冬，待第二年春天扒开母株水平苗干上的基质，隐约露出母株水平苗干及其上的短桩；短桩上的新梢穿锯末而出，待新梢长至15厘米时开始覆盖基质，重复上一年的工作过程。如此年复一年，在此母本上繁殖自根砧木苗，至少可以维持15年以上。

**（2）直立压条法**

① 方法。压条繁殖的母株要求营养积累充实，生产中一般对二年生以上的母株进行培土繁殖。春天栽植矮化砧木苗，按2米行距开沟做垄，沟深、宽均为30～40厘米，定植株距为30～50厘米。萌芽前，将矮化砧母株从近地面3～5厘米处短截，促使近地面处萌发较多新梢。待新梢长到15～20厘米时，摘除新梢基部的叶片，灌水后，在新梢基部进行第一次培基质，培基质厚度10厘米、宽20厘米左右，培基质时把过密的萌蘖分开，以利于通风透光。1个月后进行第二次培基质，两次培基质共计厚30厘米、宽40厘米左右。培基质时底墒要足，底墒不足，可采用喷灌、渗灌等灌水方法。

② 压条后的管理。垂直压条后的管理与水平压条类似，参照水平压条后的管理。

③ 挖苗。当年晚秋、初冬时，将基质全部扒开，露出一年生枝基部长出的根系，将每个生根的一年生枝在基部留2～3厘米的短桩剪下成为砧木苗。短桩上的剪口要略微倾斜，以便下一年从剪口下萌发新梢后可继续进行培基质生根。母株苗干上长出的未生根的枝条也要同时短截。分株后应给母树施基肥和覆土防寒。待第二年春天短桩上的新梢长至15厘米时开始培基质，重复上一年的工序。

**3. 组织培养快繁**　利用组织培养法繁育苹果矮化自根苗砧木，具有节省育苗用地、不受季节限制、繁育周期短、繁育系数高等优点。但此法需要一定的仪器设备，要求技术较高，成本也较高。

**（1）外植体的灭菌**　取解除自然休眠的苹果矮化砧木未萌芽枝条，水培于光照培养箱内（温度25℃），隔天更换清水1次，芽萌发后取大于1.5厘米的嫩梢，用流水冲洗，放入三角瓶中。在超净工作台上用70%乙醇消毒30秒，然后用0.1%的$HgCl_2$

溶液消毒处理8分钟，再用无菌水冲洗4～5次，切掉变褐损伤部分，接种于启动培养基上。

**(2) 启动培养**

① 基本方法。接种材料培养在光照培养室内，温度（25±2)℃，光照强度1 500～2 000勒克斯，光/暗周期12小时/12小时。经40～50天培养后，形成丛生芽。

② 培养基。大多以MS为基本培养基（附加蔗糖30克/升+琼脂6克/升），也有报道，QL是M26、GM256试管苗增殖生长的最佳基本培养基。植物调节剂种类及浓度因品种不同、研究者不同也有所差异（表3-2）。

**(3) 继代培养**

① 基本方法。在无菌条件下，将丛生芽从基部切开，切割为1.5厘米左右的茎段，接种到继代培养基上，每瓶接种5～6个茎段，培养条件同启动培养。30～40天后，可重复继代，直至数量达到要求后，进入生根培养。

② 培养基。继代培养基多与启动培养基相同或稍做调整，如71-3-150的继代培养基与启动培养基相同。对相同砧木，不同研究者的研究结果也不尽相同（表3-2）。

**(4) 生根培养**

① 基本方法。选生长健壮、长势一致、高度为2～3厘米的健壮的继代苗，接种到生根培养基中，培养条件基本同启动培养。孙清荣等（2014）研究认为，暗培养5天再转光下培养为诱导试管苗生根的最佳培养条件。

② 培养基。基本培养基多为1/2 MS（附加蔗糖15克/升，琼脂6克/升），也有采用1/2 QL、1/2 WPM等。植物调节剂种类及浓度因品种以及研究者的不同略有差异（表3-2）。

**(5) 炼苗与移栽** 生根培养20天后，将生根苗移到温室中炼苗，3～5天后，去掉封口膜。2天后将组培苗从瓶中取出，用清水将根部残留的培养基冲洗干净。将蛭石和草炭（体积比1∶1)

表 3-2 几种常用苹果矮砧组培快繁的植物生长调节剂配比（毫克/升）

| 砧木类型 | 启动培养基 | 继代培养基 | 生根培养基 | 研究者 |
|---|---|---|---|---|
| M9 | 6-BA 1.0+NAA 0.1 | 6-BA 1.0+IBA 0.1 | IBA 0.3+NAA 0.1 | 赵亮明，等，2011 |
| | 6-BA 1.0+NAA 0.5 | 6-BA 1.0+IBA 0.1 | IBA 0.3+NAA 0.1 | 余亮，2013 |
| | 6-BA 0.35+NAA 0.025 | 6-BA 0.4+IBA 0.3 | — | 杨蕊，2013 |
| | 0 | 6-BA 0.6+IBA 0.3 | IBA 0.3 | 张庆田，2007 |
| M26 | 6-BA 1.0+NAA 0.1 | 6-BA 1.0+IBA 0.1 | IBA 0.3+NAA 0.1 | 赵亮明，等，2011 |
| | 6-BA1.0+NAA0.5 | 6-BA 1.0+IBA 0.1 | IBA 0.3+NAA 0.1 | 余亮，2013 |
| | 6-BA 0.35+NAA 0.025 | 6-BA0.4+NAA 0.027 | IBA 0.28+IAA 0.8 | 杨蕊，2013 |
| | 0 | 6-BA 1.0+IBA 0.5 | IBA 0.3 | 张庆田，2007 |
| 71-3-150 | 6-BA 1.0+NAA 0.05 | 6-BA 1.0+NAA 0.05 | IAA 1.0+IBA 0.6 | 王森淼，等，2014 |
| 平邑甜茶 | 6-BA 1.0+NAA 0.1 | 6-BA 1.0+IBA 0.3 | IBA 0.3 | 赵亮明，等，2011 |
| GM256 | — | 6-BA0.5+IBA 0.05 | IBA 0.5 | 孙清荣，等，2014 |
| 77-34 | 6-BA 2.0 | 6-BA 1.0+IBA 0.4 | IAA1.5+GA3.0+IBA0.2 | 姜淑荣，等，1999 |

拌匀后放入营养钵中，添加量为2/3，另1/3用纯蛭石。将冲洗干净的组培苗移栽至营养钵中，移栽后立即用0.1%多菌灵溶液浇透，立即搭塑料小拱棚覆盖，并注意遮阴。以后每3天喷1次多菌灵溶液，经过2周左右，长出新叶，小拱棚逐渐放风，直至撤除。

待苗长到20厘米以上时，移至室外背阴处或用遮阳网遮阴。3天后，逐渐加强光照，直至适应露地环境，一般在室外炼苗10～15天即可。炼好的苗叶色浓绿，叶面形成明显的蜡质层。出苗前5天要控水控肥，定植前1天，将营养钵浇透，带基质定植于苗圃。

## 三、嫁接与接后管理

### （一）接穗的选择、处理和贮藏

**1. 采穗母树的选择**　从采穗圃中，选择性状典型、生长健壮、无病虫害，尤其是不带检疫病虫和病毒病的优良植株作为采穗母树。

**2. 接穗的采集与处理**

**（1）接穗的采集**　接穗宜选用树冠外围中上部生长充实、芽体饱满的一年生枝条（或新梢）。

**（2）接穗的处理与贮藏**

① 芽接。生长季芽接（或绿枝嫁接）所用接穗应剪去叶片，保留叶柄。经剪叶处理的接穗按一定数量、品种扎捆，系上品种标签，用湿麻袋或湿布包好，暂时存放在阴凉处，随接随取，如需暂时贮藏可置阴凉处，下部插于水中或埋于湿沙中。

② 枝接。春季枝接所用接穗于休眠期采集，按品种打捆并系上品种标签后埋于沟内（窖内）的湿沙中（贮藏条件同种子沙藏处理），也可放入冷库中并用塑料布密封保湿。春季嫁接时取出。

## （二）主要嫁接方法

### 1. 芽接法

**（1）芽接的时期**　春季播种当年秋季芽接，要求芽接后当年接芽不萌发，采用T形芽接，一般是在8～9月砧木、接穗都离皮时进行。如果接穗离皮不好，而砧木能正常离皮时，可进行带木质部芽接，若砧木也不离皮，采用嵌芽接。春季芽接时期为春季萌芽前至展叶期，在北方大部分地区为3月初至4月初，一般采用单芽腹接或嵌芽接。

**（2）常用的芽接方法**

①T形芽接。该法是目前最常用的芽接方法，也是操作最简便、嫁接速度最快和成活率最高的一种方法。该方法要求砧木和接穗都要离皮，并且二者粗度相当。主要操作技术要点如图3-1。

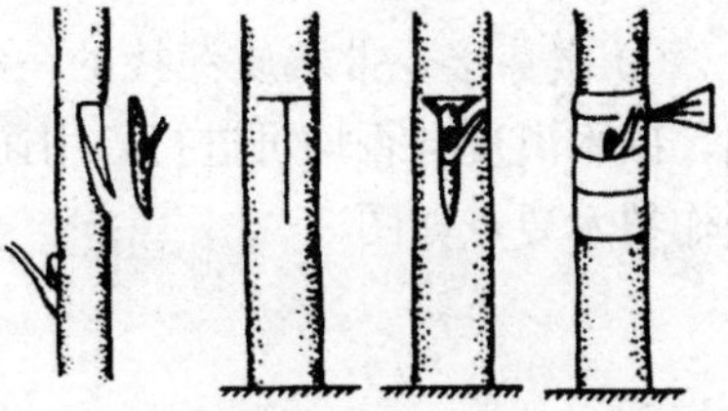

图3-1　T形芽接

a. 削接穗。在接穗上选一饱满芽，先在芽上方0.5厘米处横切一刀，深达木质部，尽量不伤木质部，切口长0.8厘米左右，再在芽下方1.5～2.0厘米处顺枝条方向斜削一刀，刀要切入木质部，长度超过横切刀口即可，然后用拇指和食指捏住芽片两侧，左右掰动使之剥离下来，呈盾形芽片。

b. 切砧木。选粗度0.6～2.5厘米的砧木，先剪去砧木上距地面10厘米以下的分枝，以方便嫁接。在距离地面5厘米左右光滑处横切一刀，刀口宽度大于削接穗的横切口，深达木质部，尽量不伤木质部。再在横切口中央向下纵切一刀，长度均为1～2厘米，使两切口呈T形。

c. 接合。用芽接刀刀柄的硬片轻轻拨开砧木皮层，将芽片放入T形切口，用手按住芽片轻轻向下推动，使芽片完全插入砧木的皮下，芽片的上边缘与砧木横切口对齐、对严。

d. 绑缚。用1～1.5厘米宽、20厘米长的塑料条捆扎，将切口缠严，注意露出叶柄和芽眼。但为了防止雨水进入，如桃、李、杏等，采取不露芽绑缚，成活率较高。

② 带木质部T形芽接。接穗芽片带有木质部的芽接方法，主要操作技术要点如图3-2。

a. 削接穗。带木质芽接接穗与砧木的削法与T形芽接相近，唯有在削接穗时，横刀较重，直接将芽片切下。

b. 切砧木。与T形芽接相同。

c. 接合。将带木质部芽片插入T形切口，用塑料薄膜绑严接口。

③ 嵌芽接。带木质芽接的一种，嵌芽接可在春季或秋季应用，砧木离皮与否均可进行，用途广、效率高、操作方便。主要操作技术要点如图3-3。

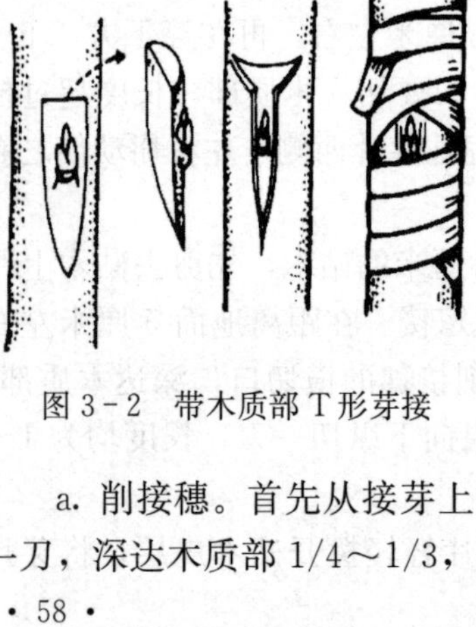

图3-2 带木质部T形芽接

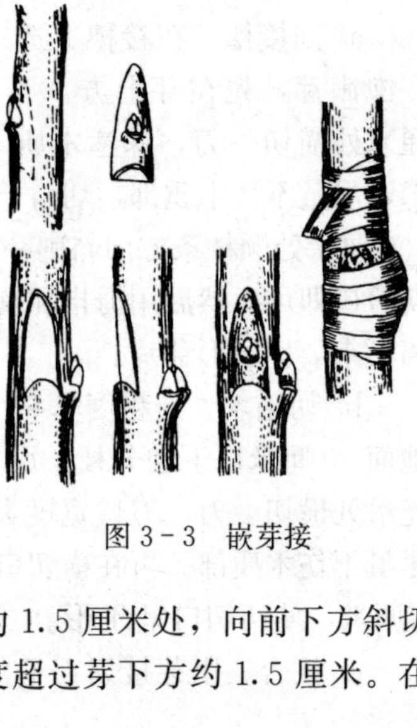

图3-3 嵌芽接

a. 削接穗。首先从接芽上方约1.5厘米处，向前下方斜切一刀，深达木质部1/4～1/3，长度超过芽下方约1.5厘米。在芽下方与枝条约成 45°角横向斜切一刀，深达第一刀刀口处，切下芽片。

b. 切砧木。在砧木上切一与接穗形状相似的切口。

c. 接合。将芽片嵌入切口内，若芽片与砧木切口不能完全对齐，应与砧木一侧形成层对准，最后用塑料薄膜绑严接口。

2. 枝接法

**(1) 枝接的时期**　春季枝接在早春树液开始流动以后即可进行，在保证接穗不萌芽的前提下，嫁接时期可适当延后，但砧木应在树液流动前在接口上 5～10 厘米剪砧，嫁接时在嫁接部位二次剪砧。在生产中枝接可持续到砧木展叶以后。

**(2) 常用的枝接方法**　常用的枝接方法有切接、劈接、腹接、单芽腹接等。

① 切接法。在砧木断面偏一侧垂直切开，插入接穗的嫁接方法。适用于比较细的砧木。主要操作技术要点如图 3-4 所示。

a. 削接穗。接穗长5～8 厘米，留 2～3 个芽削成两个削面，长削面长 3 厘米左右，在其对面削 1 个 1 厘米短削面。

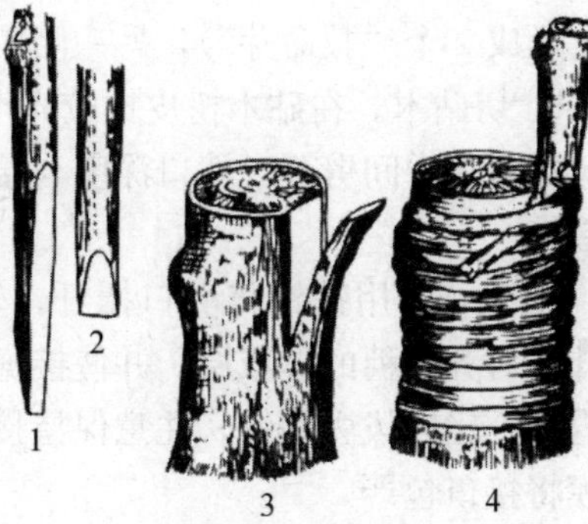

图 3-4　切　接

1、2. 削接穗　3. 切砧木　4. 接合

b. 切砧木。先将砧木于近地面树皮平滑处剪断，再在砧木断面的 1/4～1/3 处，用切接刀垂直切开长 3～4 厘米的切口，其切口位置随砧木的粗度而定，较细的砧木，切口靠中央，较粗的靠边。切口外边薄一些，对接穗的夹力较小，接穗插入后，与砧木容易接触紧密，有利成活。

c. 接合。将接穗大削面向里轻轻插入砧木切口，使接穗与砧木的形成层对齐，如不能两侧对齐，则要一侧对齐。最后用塑料薄膜将接口包紧包严。

② 劈接法。从砧木断面中间垂直劈开，在劈口两端或一端插入接穗的嫁接方法。劈接通常在休眠期进行，最好在砧木芽开始膨大时嫁接，成活率最高。主要操作技术要点如图 3-5。

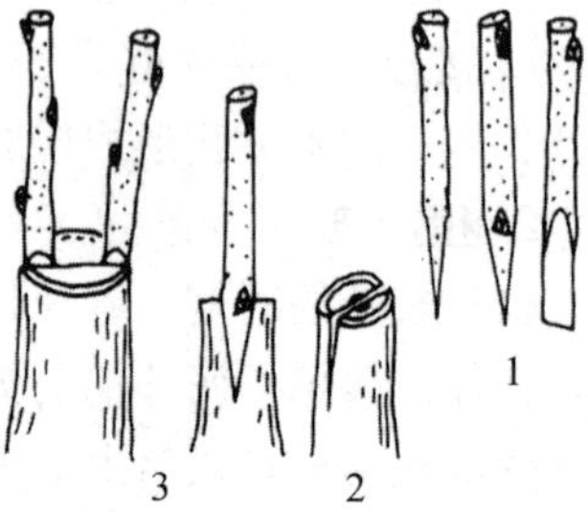

图 3-5　劈　接
1. 削接穗　2. 劈砧木　3. 接合

a. 削接穗。用剪枝剪或切接刀将接穗下端相对的两面削成长约 3 厘米的楔形削面，削面的两侧应一侧稍厚些（有芽的一侧稍厚，形成 1 个“救命芽”），另一侧稍薄。

b. 切砧木。在砧木树皮比较光滑处，锯断砧木并削平锯口，用劈接刀从中间劈开，劈口深度与接穗削面长度相近，一般 3～4 厘米。

c. 接合。用铁钎将劈口撬开，轻轻插入接穗，较厚的一侧向外，对齐砧穗的形成层，并使接穗削面露出 0.5 厘米左右，称为露白。轻轻拔去铁钎，注意保持接穗的正确位置，最后用塑料薄膜将接口包严。

③ 腹接法。在砧木枝条中部的一侧，向下斜切一刀，将接穗夹于接口的嫁接方法，腹接削接穗和切砧木，均可用修枝剪操作，接口的接触面大，容易接触紧密，操作简便迅速，成活率高，可以嫁接的时间长，粗细砧木均可嫁接，因此广泛用于苗木培育。主要操作技术要点如图 3-6。

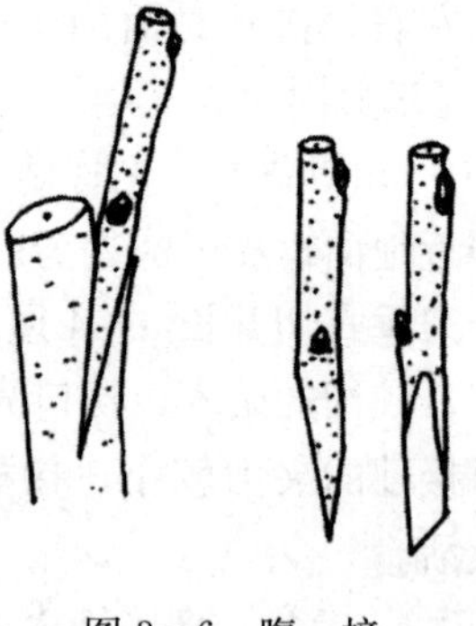
图 3-6　腹　接

a. 削接穗。先削一长削面，长约

3 厘米左右，再在对面削一长约 1.5 厘米的短削面，削面的两侧应一侧厚一侧薄，厚的一侧留有“救命芽”。

b. 切砧木。在砧木嫁接部位，与枝条纵轴成 30°角倾斜向下至枝条横径 1/3～1/2 处，剪一长 3～4 厘米的接口。

c. 接合。将砧木接口推开，迅速插入接穗，长削面紧靠里面，短削面朝外，并使接穗的形成层与砧木形成层对齐，将接口以上的砧木剪去，剪口成斜面。最后，用塑料薄膜将接口连同剪口包紧包严。

④ 单芽腹接。在春季树液开始流动以后即可进行嫁接。削接穗、剪砧木及接合方法同腹接。只是削接穗时用整根接穗，自下而上削取接穗，留单芽剪下。每次用 1 个芽段，在芽上部 0.5 厘米处剪下，形成 2.5～3.5 厘米长的楔形枝段。绑缚时用厚度 0.005～0.006 毫米、宽度 10～12 厘米的地膜，进行接芽和接口部位全密封，接芽部分只有一层膜，其余部分多层膜包紧包严。接穗芽萌发时可顶破薄膜，正常生长。单芽腹接节省接穗，嫁接效率高，接穗直接用塑料膜保护，保湿性好，成活率高，省去蘸蜡工作，接后管理简单，已经成为苗圃地春季枝接的主要方法。

## （三）嫁接后管理

### 1. 芽接苗的管理

**（1）检查成活和补接**　嫁接后 10～15 天，检查成活情况，对未接活的及时补接。

**（2）解绑**　夏季芽接后 3 周左右即可解绑，秋季芽接苗，可于次年春季解绑。

**（3）剪砧及补接**　夏季芽接应在接后 7～10 天剪砧，秋季芽接的可于第二年春季萌芽前，在接芽上方 0.5 厘米处剪砧，剪口要平滑，并稍向接芽对面倾斜。越冬后接芽未成活的，春季可用枝接法进行补接。

**(4) 除萌** 剪砧后，从砧木基部容易发出大量的萌蘖，需及时除去，以免影响接芽生长。

**(5) 立支柱** 在风大地区要对芽接苗立支柱。一般新梢长到5～8厘米时，紧贴砧木立一小支柱，将新梢绑在支柱上，立支柱可使苗木生长直立，并防止被风吹断。

**(6) 培土防寒** 冬季严寒、干旱地区，为防止接芽受冻或抽条，在封冻前应培土防寒。培土以超过接芽6～10厘米为宜。春季解冻后及时扒开，以免影响接芽的萌发。

**(7) 肥水管理** 进入6月以后苗木生长迅速，需水、需肥较多。为促进苗木生长和加粗应进行1次追肥、浇水，并进行中耕除草。春季播种的实生苗追肥以氮肥为主，每亩追施尿素5～10千克；二年生嫁接苗每亩追施尿素10～15千克或硫酸铵15～20千克。追肥后及时灌水和中耕除草。8月雨量较多，嫁接苗生长旺盛，为了嫁接苗充实健壮，应适当控制浇水次数和氮肥的施用量，应适当增施磷、钾肥或于叶面喷施磷酸二氢钾。8月中下旬可对苗木进行轻摘心，以加深其木质化程度。

**(8) 病虫害防治** 注意对苗木病虫害的防治，此期病虫害主要有早期斑点落叶病、白粉病、轮纹病和金龟子、红蜘蛛、蚜虫、顶梢卷叶蛾等。具体用药可参考果园相应病虫害的防治。

2. **枝接苗的管理** 枝接后从砧木上容易萌发萌蘖，应及早除去。接穗新梢长20～30厘米时，解绑。及时抹除砧木上的萌蘖。接穗进入旺盛生长后，枝叶量大，易遭风折，在风大地区，当新梢长到30厘米左右时应立（绑）支柱加以保护。

肥水管理及病虫害防治与上述芽接苗管理相同。

## （四）矮化砧苹果苗的培育

1. **矮化自根砧苹果苗培育** 先繁殖矮化自根砧木，方法见本章“无性系砧木的培育”。

选择生长健壮、生根良好的矮化自根砧苗，按照一定株行距归圃移栽到生产圃中，栽植密度一般为行距40～50厘米，株距20～25厘米。经培育后进行芽接或枝接苹果品种，嫁接与接后管理见本章第三节。

**2. 矮化中间砧苗的培育** 矮化中间砧苹果苗的培育，主要有以下3种方法。

**(1) 单芽嫁接** 第一年春播普通砧木种子，得到实生苗，秋季或第二年春季在砧苗距地面5～8厘米处芽接或单芽腹接矮化砧。第二年得到矮化砧苗，秋季或第三年春季在要求中间砧长度(20～35厘米)的地方芽接或单芽腹接苹果品种。第三年秋后育成矮化中间砧苹果苗。

如果采用普通砧快速育苗的方法，在第二年5月下旬至7月上旬接品种芽片，接好后，摘除中间砧苗的顶梢，使其充实、加粗，有利于接芽的成活。接芽成活后7～10天，在品种接芽上端2～3厘米处将砧梢折倒在接芽的反面，如果中间砧段有副梢或叶片完好，也可于接芽上方直接剪去砧梢，秋后即可得到矮化中间砧苹果速成苗。育苗周期便由3年缩短为2年。采用此方法的技术关键是嫁接时期不可过晚，一般华北地区不晚于7月中旬；中间砧段保留副梢或保证叶片完好；品种接芽最好为贮存的越冬芽，当年新梢上的芽宜选用中部饱满芽，中下部和上部芽萌发慢，当年苗木生长弱；嫁接方法以嵌芽接成活率高，萌芽整齐。

**(2) 分段芽接** 也叫枝、芽结合接法，第一年春播普通砧木种子，得到实生苗，秋季芽接矮化砧，第二年秋季，在矮化砧苗上每隔30～40厘米分段芽接苹果品种芽片，第三年春季留最下部一个品种芽剪砧，剪下的枝条从每个品种芽上部分段剪截，每段枝条顶端有一个成活的品种接芽，将其枝接在培育好的普通基砧上，秋季成苗出圃，如图3-7所示。分段芽接只能在生产圃中进行，不能在砧木扩繁圃或母本保存圃中嫁接。

**（3）二重枝接** 第一年春播普通砧木种子，得到实生苗，第二年早春将苹果品种接穗枝接在20～30厘米矮化中间砧茎段上，然后将这一茎段枝接在普通砧木上，称之为二重枝接。这种方法在较好的肥水条件下，当年便可获得质量较好的矮化中间砧苹果苗。采用二重枝接时对中间砧段保湿非常重要，可把带有苹果品种接穗的中间砧段，在95～100℃的石蜡液中浸蘸一下再接，并用塑料薄膜包严接口，基部培土少许；少量繁殖苗木时也可将带有苹果品种接穗的中间砧茎段，预先用塑料薄膜缠严，再嫁接到普通砧木上，品种萌发后，要逐渐去除包扎的薄膜，到新梢长5～10厘米时全部除去。

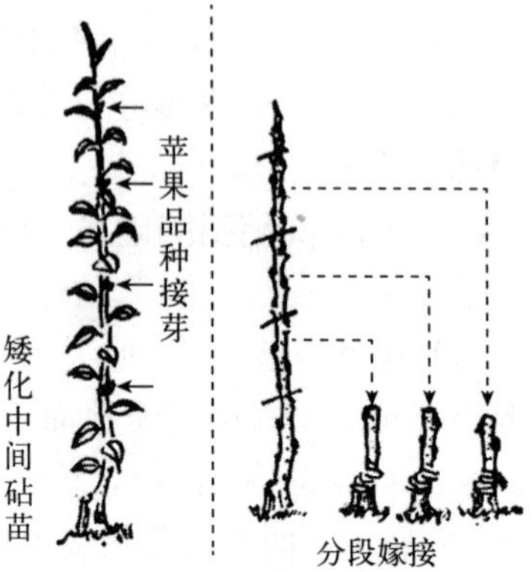

图3-7 分段芽接

**3. 带分枝大苗的培育** 带分枝大苗是指在苗圃地连续培育2～4年，并按一定的树形要求进行定干、整形，甚至将苗木培育形成花芽后再定植的苗木。应用带分枝的壮苗可实现栽后第二年结果、第四年丰产。

**（1）带分枝大苗的质量要求** 中心干直立，基部干径在1.2厘米以上，苗高1.5米以上；分枝多、角度开展、健壮，分枝高度平均在70厘米以上，在合适的分枝部位有6～10个以上的分枝，长度40～50厘米；根系健壮、完整，侧根多，大多数长度超过20厘米，毛细根密集。

**（2）培育方法** 基本方法与普通苗木相同，另需注意以下几点：

① 栽植密度。建议株行距为50厘米×25厘米，出苗量

5 000～6 000 株/亩。

② 促进苗木分枝措施。对上一年芽接或春季枝接的苗木，春季接芽萌发后，保证其直立生长，成为中心干。6 月上中旬，苗木生长高度达到定干高度要求以上时，采取摘心、摘叶和应用生物活性物质等措施促进苗木分枝。

a. 摘心。在节间已充分伸长而尚未木质化处，摘去嫩梢 5 厘米左右。

b. 摘叶。在新梢顶端留叶柄摘叶。

c. 应用生物活性物质。6 月中旬前后，在整形带内喷施 2～3 次促发分枝的药剂如苹果整形 2 号，隔 10～15 天喷 1 次；对重点缺枝部位涂抹促发分枝的药剂如苹果整形 1 号或发枝素等。对整形带以下萌发的新梢及时抹去，在整形带内选留一定数量的副梢作为主枝。

③ 归圃苗的处理。对出圃的等外苗，归圃栽植，早春在高 65～70 厘米饱满芽处短截，发芽后，将定干剪口下第一个芽萌发的新梢绑缚于立杆上，使其直立生长，成为中心干，其他新梢长至 4～6 片叶时及时去除，待苗木生长高度达到定干高度要求以上时，采取摘心、摘叶和应用生物活性物质等措施促进苗木分枝。

对一、二级苗木，也可以参照归圃苗的处理，生产带分枝大苗。

## 四、脱毒苗的培育

### （一）培育脱毒苗的意义

**1. 病毒病的危害** 果树病毒是指能够侵染果树发病，导致果树生长结果不良的病毒和类菌原体。病毒病的危害，主要表现在：种子发芽率降低、苗期分株数量减少、嫁接不亲和、萌芽率下降、生长量减少、推迟和抑制花芽的形成和结果、产量锐减、果实品质降低、树势衰弱，直至树体死亡。苹果病毒分为潜隐性病毒和非潜隐性病毒两大类：

**（1）潜隐性病毒** 这类病毒一般在苹果的栽培品种上不表现明显的症状，必须经过鉴定才能明确苹果树的带毒状况。我国分布最广的是苹果褪绿叶斑病毒（ACLSV）、苹果茎沟病毒（ASGV）和苹果茎痘病毒（ASPV）。

**（2）非潜隐性病毒** 这类病毒侵染苹果树后，在大多数品种上都表现明显的症状，病树易识别（如花叶、锈果，枝、果、花变形，枝芽坏死等），及时清除病树便可解决病毒的再侵染问题。我国主要有苹果花叶病毒、苹果绿皱果病毒和苹果锈果类病毒。

**2. 苹果病毒病的特点** 苹果病毒病具有以下四个特点：

一是树体一旦被病毒侵染，将终生带毒，长期受害。

二是果树病毒主要通过嫁接、机械伤接触、昆虫传播。

三是为系统侵染，植株的部分器官侵染后会导致整株感病，破坏树体的正常生理功能，不能恢复。在无性繁殖过程中，通过接穗、插条、苗木传给后代，传毒快、发病率高、危害范围广。

四是到目前为止，尚无有效药剂进行防治。

**3. 培育脱毒苗的意义** 脱毒苗是指经过脱毒处理和病毒检测，证明确已不带指定病毒的苗木。栽植脱毒苗木，建立脱毒苗木繁育体系、健全无病毒检疫检验制度、培育无病毒原种、防止苗木带毒和人为传播是目前防治和克服果树病毒病危害的根本措施。

## （二）脱毒方法

目前在苹果脱毒上应用的方法主要有热处理、茎尖培养、热处理结合茎尖培养、微体嫁接、应用抗病毒剂等方法。

**1. 热处理**

**（1）原理** 依据病毒和寄主细胞对高温忍耐性不同，选择一定的温度和适当的处理时间，使寄主体内病毒的繁殖受到抑制，运行速度减缓或失活，而寄主细胞仍然存活，寄主细胞的生长速度会超过病毒扩散速度，在这一高温下长出的新植株器官或组织可能不带有病毒。将可能不含病毒的组织取下，培养成无毒个体。

**（2）方法**　热处理一般在一个可调温的恒温箱内进行，目前多用光照培养箱。苹果脱除病毒主要过程如下：

① 将拟进行热处理的材料栽于花盆中。

② 于2～3月，将盆栽苗移入15～18 ℃的温室或脱毒箱中。待新梢长至5厘米时移入（37±1)℃热处理箱中，相对湿度保持60%～80%，光照强度4 000～6 000勒克斯，处理时间4周以上。热处理时间愈长，脱毒效果愈高，但脱毒材料受热死亡也愈多。

③ 切取热处理期间长出的新梢顶端10～20毫米作接穗，在准备好的盆栽实生砧木上实行嫩梢嫁接。

④ 经过热处理的嫩梢嫁接成活后，长至50～60毫米高时，取材进行病毒检测。

⑤ 确认无指定病毒后，可作为无病毒原种母树，繁殖无病毒苗木。

试管苗也可用于热处理脱除毒。将经转接新培养基后开始生长的试管苗置于37～40 ℃恒温培养室中，培养3～4周后剪取长出的新茎尖，继续培养，有一定生长量后进行病毒检测，选定无病毒原种。

2. 茎尖培养

**（1）原理**　病毒在植物体内不同组织和器官的分布存在差异，迅速生长中幼嫩的及未成熟的组织和器官病毒含量较低，茎尖生长点则几乎不含或含病毒很少。因此，切取0.1～0.2毫米的微茎尖进行组织培养，可以获得无病毒植株。

**（2）方法**　从母株上截取2～3厘米生长正常的新梢顶端，消毒灭菌后在双目解剖镜下切取0.1～0.2毫米大小的茎尖，接种在芽培养基上。董淑英等（2002）采用二次取尖法，即在培养室挑选已经过脱毒处理的生长健壮试管苗，在强光下闭瓶炼苗3～5天，在无菌条件下切取0.3～0.5毫米较大茎尖，进行二次脱毒，能大幅度提高脱毒率。

**3. 热处理与茎尖培养相结合** 茎尖培养脱毒所取茎尖愈小脱毒效率愈高，但过小又影响成活率，热处理后茎尖大小可切到1毫米左右，热处理与茎尖培养相结合尤其适用于单独热处理或茎尖培养难以脱除的病毒，如ASGV等病毒。

具体方法是：将盆栽苗进行热处理3～5周后，剪取在处理中长出的新枝茎尖约1毫米左右，接种于培养基上，培养出苗后进行病毒检测。以试管苗为材料进行热处理，不受季节限制，并可利用较少的空间处理较多的材料。方法是将继代苗在24℃下暗培养2天后，直接置于38℃/32℃下变温暗培养30天，切取2毫米左右的茎尖进行继代培养，30天后RT-PCR方法进行病毒检测。

不同材料适宜的热处理条件有所不同，在实际应用中，应根据试验材料的特点，有针对性地微调变温热处理条件。

**4. 茎尖嫁接** 也称微体嫁接，是在无菌条件下，切取0.1～0.2毫米的微小茎尖作接穗（常经过热处理之后采），在解剖镜下嫁接于无病毒幼嫩组织培养砧木苗上，培养成无病毒植株。

目前苹果微体嫁接主要用来快速繁育无病毒苗木，多用在一些难生根的品种，通过容易生根的砧木组织培养后，再以茎尖嫁接。

**5. 应用抗病毒剂** 抗病毒剂可抑制病毒的复制和扩散，常常与组织培养相结合，即先获得待脱毒样品的组培苗，然后在继代培养基中加入化学抑制物质，培养一定时间后，取茎尖在无化学抑制剂的培养基上培养，经病毒检测，保留无病毒的单株。

现已报道的抗病毒剂有病毒唑、嘌呤或嘧啶类物质、氨基酸、细胞分裂素或抗生素及一些中药材等。据报道，在MS培养基中加入病毒醚（10毫克/升），暗培养40天后，取2毫米茎尖培养，适用于大多数苹果砧木脱毒。八棱海棠种子，采用2%氢氧化钠浸种 20～30 分钟，病毒脱除效果好且对种子萌发力影响较小。

## （三）脱毒苗的病毒检测

无论采用何种脱毒方法得到的植株，都必须经过严格的病毒检测，证明确实无指定病毒存在，才能在生产上应用。目前，普遍应用的植物病毒检测方法有以下几种：

### 1. 指示植物法

**（1）常用指示植物**　鉴定和检测苹果褪绿叶斑病毒、苹果茎痘病毒和苹果茎沟病毒可分别采用苏俄苹果（Russia 12740 - 7A）、光辉（R65 - 76 Radiant）和弗吉尼亚小苹果（Virginia crabk - 6）这三种指示植物，其检出频率分别为 95%、100%和 95%。也常采用 SPY227 检测苹果茎痘病毒。

**（2）接种**　可采用汁液摩擦接种法、嫁接接种法和昆虫传毒鉴定法。其中嫁接接种法比较常用，一般采用二重芽嫁接法。

指示植物鉴定优点是鉴定条件简单，不需要仪器，操作方便，结果准确可靠、直观、灵敏度较高，目前仍是国际上通用的一种传统的、经典的检测方法。该方法的缺点是所需时间较长，占用土地较多，费用较高，病毒需要累积到一定量才能表现出症状，检测速度慢。

**2. 血清学鉴定法**　利用抗原和其在机体内刺激产生的特异性抗体相结合产生的沉淀反应来进行病毒检测鉴定的方法，包括沉淀反应、凝集反应、荧光抗体法、单克隆抗体测定法、酶联免疫吸附测定法、免疫电镜等。

**3. 电镜检查法**　通过电镜在病毒的超薄切片或部分纯化的病毒悬浮液中，直接观察、检查出有无病毒存在，并可得知有关病毒颗粒的大小、形状和结构。其优点是快速直观、灵敏度很高。但电镜检测法有设备昂贵、操作技术要求高、不适合多个样本处理等缺点。因此，在苹果病毒检测中应用较少。

**4. 分子生物学法** 通过检测病毒核酸来证实病毒的存在，比血清学方法的灵敏度更高，可检测到皮克（pg）级甚至飞克（fg）级，并且特异性更强，检测病毒的范围更广，可以进行大批量的样本检测。目前常用聚合酶链式反应（PCR-Polymerase Chain Reaction）进行苹果病毒检测，如反转录聚合酶链式反应（RT-PCR）、实时荧光定量 PCR（FQ-PCR）技术以及在 RT-PCR 基础上发展起来的免疫捕获 RT-PCR（IC-RT-PCR）和多重 IC-RT-PCR。

**5. 酶联免疫与 PCR 相结合的方法（PCR-ELISA）** PCR-ELISA 是将 PCR 和 ELISA 结合起来的一种新的检测方法，它是在液态条件下，将已经免疫酶化的 PCR 扩增产物用酶联免疫分析仪进行读数并分析结果，而不需要进行电泳分析。这种高灵敏的鉴定方法已经用在诊断苹果茎沟病毒。

## 五、苗木出圃

### （一）起苗与分级

**1. 起苗前的准备** 苗木出圃是育苗工作的最后环节。出圃准备工作和出圃技术直接影响苗木的质量、定植成活率及幼树的生长。出圃前的准备工作主要包括：

**（1）苗木调查** 一般在苗木出圃前进行，落叶性苗木以在秋季生长已经停止、落叶之前进行为宜。在苗木调查时，除了按要求调查苗木的质量外，还要调查、核对苗木种类、品种、砧木类型、繁殖方法等。

**（2）制定苗木出圃计划及出圃操作规程** 根据调查结果及订购苗木情况，制定出圃计划及苗木出圃操作规程。确定供应单数量、运输方法、装运时间，并与购苗和运输单位联系，及时分级、包装、装运，缩短运输时间，保证苗木质量。

苗木出圃操作技术规程包括起苗方法和技术要求，苗木分级标准，苗木消毒方法及要求，包装方法及技术要求，包装材料及质量要求等。

2. 起苗

**(1) 起苗时期** 生产上大致可分为秋季和春季两个起苗时期。

① 秋季起苗。在苗木开始落叶至土壤结冻前进行。秋季起苗既可避免苗木冬季在田间受冻及鼠和家畜危害，又有利于根系伤口的愈合，结合苗圃秋耕作业，还有利于土壤改良和消灭病虫害。在冬季温暖的地区，秋季起苗后可以及时栽植；在冬季严寒地区，需要将起出的苗木先行假植越冬，翌年春季萌芽以前栽植。

② 春季起苗。在土壤解冻后至苗木萌芽前进行。春季起苗可省去假植或贮藏等工序，但在冬季严寒地区，因存在越冬过分失水抽条或冻害的风险，不宜春季起苗。

**(2) 起苗方法** 起苗可分为人工起苗和机械起苗两种。目前生产中小型苗圃主要靠人工起苗，一些大型专业化苗圃已经开始实行机械起苗。

① 人工起苗。先在行间靠苗木的一侧，距苗木 25 厘米左右处顺行开沟，再在沟壁下侧挖斜槽，并根据起苗的深度切断根系，然后把铁锨插入苗木的另一侧，将苗木推倒在沟中，即可取出苗木。

② 机械起苗。是实现苗木高标准生产的重要措施之一。机械起苗不但能有效保证起苗的根系质量、规格一致，而且大大提高起苗效率，节省劳力。目前国内使用的多数是悬挂式起苗机。起苗机起苗后的捡苗、分级和包装等工序一般还需要由人工完成。

为了保证苗木的质量，除了合理选择起苗方法和按操作要求进行起苗外，还应注意以下事项：

一是起苗前，视土壤墒情适度灌水，以保持土壤潮湿和疏松，不仅起苗省力，而且能避免损伤过多的须根。

二是在苗木起挖和运输过程中，不要损伤苗干，尤其要注意保护圃内整形苗木上的侧生分枝。

三是苗木挖起后，不可长时间裸露存放，尤其北方寒冷地区不可裸根过夜，最好随挖、随运、随栽（假植），如挖起的苗木不能及时运出或假植，必须进行覆盖保温、保湿。

四是起苗应避开大风天气，使用的工具一定要刃口锋利。

**3. 苗木分级** 为了保证出圃苗木质量，提高苗木栽植成活率和定植后苗木生长整齐度，便于苗木的包装和运输，苗木起出后，要进行分级。分级时应根据苗木规格要求进行，不合格的苗木应留在苗圃内继续培养。分级总的要求是砧木、品种纯正，地上部健壮充实，根系发达，嫁接部位愈合良好。表 3-3 为苹果苗木分级国家标准。

**表 3-3 苹果苗木等级规格指标**（GB 9847—2003）

<table>
<tr><th colspan="2" rowspan="2">项 目</th><th colspan="3">等 级</th></tr>
<tr><th>一级</th><th>二级</th><th>三级</th></tr>
<tr><td colspan="2">基本要求</td><td colspan="3">品种和砧木类型纯正，无检疫对象和严重病虫害，无冻害和明显的机械损伤，侧根分布均匀舒展、须根多，接合部和砧桩剪口愈合良好，根和茎无干缩皱皮</td></tr>
<tr><td colspan="2">粗度≥0.3 厘米、长度≥20 厘米的侧根（非矮化自根砧）</td><td>≥5</td><td>≥4</td><td>≥3</td></tr>
<tr><td colspan="2">粗度≥0.2 厘米、长度≥20 厘米的侧根（矮化自根苗砧）</td><td colspan="3">≥10</td></tr>
<tr><td rowspan="3">根砧长度（厘米）</td><td>乔化砧苹果苗</td><td colspan="3">≤5</td></tr>
<tr><td>矮化中间砧苹果苗</td><td colspan="3">≤5</td></tr>
<tr><td>矮化自根砧苹果苗</td><td colspan="3">15～20，但同一批苹果苗木变幅不得超过 5</td></tr>
<tr><td colspan="2">中间砧长度（厘米）</td><td colspan="3">20～30，但同一批苹果苗木变幅不得超过 5</td></tr>
<tr><td colspan="2">苗木高度（厘米）</td><td>>120</td><td>100～120</td><td>80～100</td></tr>
</table>

（续）

| 项　目 | | 等　级 | | |
|---|---|---|---|---|
| | | 一级 | 二级 | 三级 |
| 苗木粗度（厘米） | 乔化砧苹果苗 | ≥1.2 | ≥1.0 | ≥0.8 |
| | 矮化中间砧苹果苗 | ≥1.2 | ≥1.0 | ≥0.8 |
| | 矮化自根砧苹果苗 | ≥1.0 | ≥0.8 | ≥0.6 |
| 倾斜度（°） | | ≤15 | | |
| 整形带内饱满芽数（个） | | ≥10 | ≥8 | ≥6 |

## （二）苗木检疫

苗木检疫是在苗木调运中，国家以法律手段和行政措施，禁止或限制危险性病、虫、杂草等有害生物人为传播蔓延的一项国家制度。

**1. 检疫对象**　检疫对象是我国对检疫性有害生物的习惯叫法，我国植物检疫法规中所提的检疫对象，是指经国家有关植物检疫部门科学审定并明文规定，要采取检疫措施禁止传入的某些植物病、虫、杂草。目前列入植物检疫对象的苹果病虫害有苹果小吉丁虫、苹果绵蚜、苹果蠹蛾、苹果黑星病、苹果锈果病。

**2. 苗木检疫的途径**

**（1）产地检疫**　主要是指植物检疫人员对申请检疫的单位或个人的种子、苗木等繁殖材料，在原产地所进行的检查、检验和除害处理，以及根据检查和处理结果作出的评审意见。经产地检疫确认没有检疫对象和应检病虫的种子、苗木或其他繁殖材料，发给产地检疫合格证，在调运时不再进行检疫，而凭产地检疫合格证直接换取植物检疫证书；不合格者，不能作种用外调。

**（2）调运检疫**　也称为关卡检疫，主要是指对种苗等繁殖材料以及其他应检物品，在调离原产地之前、调运途中以及到达新的种植地之后，根据国家和地方政府颁布的检疫法规，由植物检疫人员对其进行的检疫检验和验后处理。

产地检疫能有效地为调运检疫减少疫情，调运检疫又促使一些生产者主动采取产地检疫。

检疫时如发现检疫对象，应及时划出疫区，封销苗木，并及时采取措施就地进行消毒、熏蒸、灭菌，以扑灭检疫对象。对未发现检疫对象的苗木，应发放检疫证书，准予运输。

## （三）苗木消毒、包装和运输

### 1. 苗木消毒

**（1）药剂浸渍或喷洒** 苗木消毒常用的药剂可分为杀菌剂和杀虫剂两类。常用杀菌剂有石灰硫黄合剂、波尔多液、代森锌、甲基硫菌灵、多菌灵等。例如，起苗后或栽植前可用3～5波美度石硫合剂或1∶1∶100波尔多液喷洒，或浸苗5～10分钟，进行苗木消毒。杀虫剂的种类较多，主要有硫黄制剂、石油乳剂、除虫菊酯类、有机氯及有机磷杀虫剂等。在使用时，可根据除治对象进行选择。

**（2）药剂熏蒸** 在密闭的条件下，利用熏蒸药剂气化后的有毒气体，杀灭病菌和害虫，是当前苗木消毒最常用的方法之一。熏蒸剂的种类很多，常用的有溴甲烷（MB）、氢氰酸（HCN）。此外，杀菌烟雾剂可选用45％百菌清、15％克菌灵等。杀虫烟雾剂可选用10％异丙威烟雾剂等。

### 2. 苗木包装和运输

**（1）苗木包装** 短距离运输苗木，一般只进行简单包装保湿。苗木根部蘸泥浆，装车后用一层草帘等湿润物覆盖，再用塑料布和苫布密封保湿即可。

长距离调运苗木，应进行细致包装。包装材料一般以价廉、质轻、坚韧并能吸水保湿，而又不易迅速霉烂、发热、破散者为好，如草帘、草袋、蒲包、谷草束等。填充物可用碎稻草、锯末、苔藓等。绑缚材料可用草绳、麻绳等。用草帘将根包住，其内加湿润的填充物，包裹之后用湿草绳或麻绳捆绑。每包苗木的株数依苗木大小而定，一般为 20～50 株。包装好后挂上标签，注明树种、品种、砧木、质量等级、数量、苗木质量检验证书编号、产地和生产单位等。

**(2) 苗木运输**　尽量选用速度快的运输工具以缩短运输时间。运输途中要勤检查包装内的温度和湿度，如温度过高，要把包装打开通风，并更换填充物；如湿度不够，可适当喷水。苗木到达目的地后，要立即将苗木进行假植，并充分浇水；如因运输时间长，苗木过分失水时，应先将苗木根部在清水中浸泡一昼夜后再行假植。

## （四）苗木假植和贮藏

1. **苗木假植**　苗木挖起后定植前，为了防止因过分失水，影响苗木质量，而将其根部及部分植株用湿润的土壤或河沙进行暂时的埋植处理称为假植。假植分为临时假植和越冬假植。因苗木不能及时外运或栽植而进行的短期埋植护根处理，叫临时假植。因其时间较短，也叫短期假植。苗木挖起后，进行埋植越冬，翌年春季外运或定植的假植，叫越冬假植，也称为长期假植。

假植区应选择背风庇荫、排水良好、不低洼积水也不过于干燥的地点，尽量接近苗圃干道。

临时假植可挖浅沟，一般深宽各为 50～60 厘米，将苗木成束排列在沟壁上，再用湿润的土壤将其根部及植株下部 1/3～1/4 埋在地面以下即可。越冬假植时，假植沟的深度依苗木大小而定，沟深一般为 80～100 厘米，沟宽 100～150 厘米，沟长视苗木数量而定。最好与主风方向垂直开沟，沟的迎风面一侧削成 45°斜壁，把苗木单株或成小捆排在假植沟内，苗梢向南，根部均以湿润清洁的河沙或沙土填充，覆土到苗高的 2/3 左右，干寒地区最好苗木要全部埋入土中，以免发生冻害和抽条。沟面应覆土高出地面10～15厘米，并整平以利排水。假植时应分次分层覆土，以便使根系和土壤充分密接。土壤干燥时，还应适量浇水，以免根系受冻或干旱。

假植苗应按不同品种、砧木、级别等分开假植，严防混乱。苗木假植完成后，对假植沟应编顺序号，并插立标牌，写明树种、品种、砧木、级别、数量、假植日期等，同时还要绘制假植图，以防标牌遗失时便于查对。在假植区的周围，应设置排水沟排除雨水及雪水，同时还应注意预防鼠害。

在严寒地区假植苗木，防冻作业是保护假植苗木安全越冬的一项必备措施。常用的防冻方法有埋土防冻、风障防冻、覆草防冻以及地窖、室内和塑料大棚防冻等。具体操作时，可根据各地气候、苗木特性选择使用。

2. **苗木贮藏** 苗木贮藏是为了更好地保证苗木安全越冬，推迟苗木的发芽期，延长栽植或销售的时间。苗木贮藏的条件，要求控制低温在0～3℃，最高不超过5℃；空气相对湿度为70%～90%；要有通气设备。可利用冷藏室、冷藏库、冰窖、地下室和地窖等进行贮藏。

目前国外大型苗圃和种苗批发商，多采用冷藏库贮藏苗木。出售时用冷藏车运输，至零售商时再栽入容器中于露地进行培养，待恢复生机后，带容器销售。

# 第四章　高标准建园

苹果是多年生植物，一经栽植一般要在园地生长、结果多年，因此园地条件及建园规划、建园技术等都将对苹果生产有重要影响。本章主要介绍园地选择、果园规划、栽植技术等内容。

## 一、园地选择

苹果原产于夏季空气干燥、冬季气温冷凉的地区。对苹果生长发育起主导作用的气候条件是气温，其次是降水、日照及风等。现代苹果建园除考虑上述因素外，还要求产地空气清新、水质纯净、土壤未受到污染、远离交通要道、粉石场等污染源。无公害和绿色苹果生产产地空气中各项污染物指标要求见表 4－1、表 4－2。

**表 4－1　无公害苹果产地空气环境质量要求**（引自 NY 5013—2006）

| 指　　标 | 日平均 | 1 小时平均 |
|---|---|---|
| 总悬浮颗粒物（毫克/米$^3$）≤ | 0.3 | — |
| 二氧化硫（毫克/米$^3$）≤ | 0.15 | 0.50 |
| 二氧化氮（毫克/米$^3$）≤ | 0.12 | 0.24 |
| 氟化物（F）≤ | 7 微克/米$^3$ | 20 微克/米$^3$ |
| | 1.8 微克/(分米$^2$ · 天) | — |

注：4 种污染物均按标准状态计算：日平均指任何 1 日的平均浓度，1 小时平均指任何 1 小时的平均浓度。

**表 4-2　绿色苹果产地空气中各项污染物的指标要求**

（标准状态）（引自 NY/T 391—2000）

| 项　　目 | 日平均 | 1 小时平均 |
| --- | --- | --- |
| 总悬浮颗粒物（毫克/米$^3$）≤ | 0.3 | — |
| 二氧化硫（毫克/米$^3$）≤ | 0.15 | 0.50 |
| 氮氧化物（毫克/米$^3$）≤ | 0.10 | 0.15 |
| 氟化物（F）≤ | 7 微克/米$^3$ | 20 微克/米$^3$ |
| | 1.8 微克/(分米$^2$·天)（挂片法） | — |

注：1. 日平均指任何 1 日的平均指标。2. 1 小时平均指任何 1 小时的平均指标。3. 连续采样 3 天，1 日 3 次，晨、午和夕各 1 次。4. 氟化物采样可用动力采样滤膜法或用石灰滤纸挂片法，分别按各自规定的指标执行，石灰滤纸挂片法挂置 7 天。

## （一）温度

气温是影响苹果生长发育的重要生态条件之一，它决定了苹果是否能够生存和正常生长发育，也是影响果实品质的一个重要因素。

**1. 年平均气温**　从世界苹果产区的分布来看，苹果集中在南北半球的温带地区，年平均气温为 7～13.5 ℃。我国苹果适宜区年平均气温为 8.0～14 ℃，最佳适宜区为 8.5～12 ℃。

**2. 冬季气温**　冬季气温决定了苹果能否通过休眠和安全越冬。苹果是北方落叶果树，冬季需要休眠，只有正常通过休眠，第二年春季才能正常生长发育。休眠期要求一定的低温并持续一定时间才能度过休眠，但温度太低容易造成越冬伤害甚至死亡；而温度过高或低温持续时间太短满足不了苹果休眠的需冷量。一般冬季最冷月（1 月）平均气温不低于－14 ℃，也不高于 7 ℃，极端低温－27 ℃以上为合适，低于－30 ℃时会发生严重冻害，－35 ℃即冻死，但小苹果可以忍耐－40 ℃低温。

不同苹果矮化砧木对低温的抵抗能力不相同，在园地选择时一定要考虑砧木的抗寒性。李荣富等 1997—2001 年在呼和浩特市、赤峰市等地调查了 2 种苹果基砧和 15 种矮化中间砧的越冬后的死株率，根据死株率确定其抗寒性（死株率小于 10%为抗寒，10%～20%为较抗寒，20%～40%为中等抗寒，40%～60%为不抗寒，60%以上为最不抗寒），结果表明，基砧小金海棠抗寒力强，连续 3 年无冻害发生，矮化中间砧 77－34 抗寒力强，与 GM256 相当，连续 3 年平均死株率分别为 7.2%和 7.9%，抗寒力较强矮化中间砧为 CX3、O3、B9，连续 3 年平均死株率分别为 12.1%、14.6%和 17.0%。刘君等于 2012 年 1～3 月在新疆伊犁哈萨克自治州察布查尔锡伯自治县、巩留县、伊宁县、特克斯县、霍城县以及新疆生产建设兵团农 4 师 61 团调查了不同砧木的冻害指数，结果表明，苹果半矮化砧木 GM256 平均冻害指数最小，为 0.003，具有较强的抗寒性；新疆野苹果，平均冻害指数为 0.078；苹果矮化砧木辽砧 2 号受冻害程度相对最重，其平均冻害指数为 0.13。沙广利等（2000）利用电导率法测定了一些苹果砧木的抗寒性，结果表明，77－34、Mark、B9 比较抗寒，CG24、CG80、75－7－1 抗寒性次之，M26、新 M26 抗寒性较差。梅立新等（2008）利用电导法求得的 SH12、CG80、M26 和 JM7 的低温半致死温度分别为－38.0 ℃、－36.4 ℃、－34.1 ℃和－29.6 ℃。骆德新等（1998）测定了 M26、CG24 等 5 种矮化砧木上嫁接的红富士苹果幼树枝条的电导率，求得各砧木上红富士苹果幼树枝条的半致死温度 Mark 为－28.13 ℃，75－9－5 为－28.2 ℃，M26 为－28.7 ℃，CG24 为－30.76 ℃，SH5 为－32.28 ℃。

**3. 生长期气温** 从萌芽到落叶为苹果生长期。这一时期的温度对苹果生长发育有着明显的影响，一般平均气温应达到 13.5～18.5 ℃。在生长期内，不同时期对温度的要求有所不同：春季日夜平均温度 3 ℃以上时，地上部开始活动，8 ℃左右开始生长，15 ℃以上生长最活跃；开花期适温为 15～25 ℃。气温过低，易使苹果花果受冻，受冻的临界气温是芽萌动－8 ℃（持续

6小时以上），花芽受冻；花蕾期遇−2.8～−4℃，花蕾受冻；开花期−1.7～2.2℃，雌蕊受冻；幼果期−1.1～2.5℃，幼果受冻，受冻的幼果表现为萼片周围出现程度不同的木栓化组织，即霜环。另外，花期气温过低，影响传粉昆虫活动，如蜜蜂在14℃以下几乎不活动，影响授粉坐果。气温过高，花期缩短，花粉败育比例提高，雌蕊柱头分泌物和水分蒸发快导致授粉不良，坐果率降低。6～9月平均气温宜在16～24℃。花芽分化期日平均温度在20～27℃，有利于花芽分化，日温差越大，花芽形成率越高。

夏、秋季温度与果实生长和品质形成有密切关系。据研究，果实发育以25℃上下最为适宜，过高过低都会影响果实生长。夏、秋季昼夜温差越大，果实增长越快，着色越好，含糖量越高，风味越浓郁。温度过高，味淡、着色差。因此，优质苹果生产基地夏季温度较低，6～8月平均气温在18～22℃间，相对湿度为60%～70%，成熟前30～35天日温差大于10℃以上，夜间低于18℃最为适宜，大于35℃的高温日数不超过5天为最好。另外，高温还会引起果实的日灼和果面伤害，影响果实的销售。

## （二）光照

苹果是喜光性较强的树种，光照不仅影响果实的品质和风味，还与花芽分化和产量有关。选择园地时要注意光照问题。一般要求年日照时数不低于2 000～2 500小时，8～9月不能少于300小时，树冠内自然光入射率应在50%以上，透光率20%左右。我国北方大部分地区都能满足这一条件，但是北方7～9月为雨季，阴雨绵绵，光照不良，影响花芽分化和品质。一般来讲，日照时数多、光照强、光质好，苹果树长势缓，易成花，坐果多，果实发育良好，着色好、含糖量高、风味浓、硬度大、耐贮运。光照不足，枝条生长细弱，光合作用下降，树体营养水平降低，花芽分化量少、质量差，果实品质明显下降，病虫害增多。

不同波长的光对苹果的光合作用和生长发育具有不同的功

能，特别是对果实品质有重要的影响。通常，波长 380～710 纳米的光是太阳辐射光谱中具有生理活性的波段，称为光合有效辐射。其中，远红光有利于糖类的合成、影响生长与新梢节间伸长；蓝光有助于蛋白质和有机酸形成；短波的紫外光与青光对节间伸长有抑制作用，使树体矮小、侧枝增多，且可促进花芽分化，还有助于色素的形成，使红色果实的色泽更加艳丽。因此，高海拔和晴天有助于改善果实品质。

## （三）水分

**1. 水分对苹果生长发育的影响**　水是通过不同的形态、数量和持续时间等三个方面的变化，对苹果的生长发育、生理生化过程和产量品质形成等起着重要的生态作用。

水分对苹果生长发育的影响主要表现在以下几个方面：一是影响萌芽、新梢生长及开花坐果。苹果芽通过休眠后，要求一定水分才能萌芽。水分不足，常使萌芽延迟，或萌芽不整齐，影响新梢生长。新梢生长期水分不足，生态反应为枝短弱，停长早，叶片小，易落叶，树体整体营养生长弱；水分过多，树体枝叶生长过旺，组织不充实，贮藏养分水平低；水分进一步过剩，则会引起涝害，如烂根、树势衰弱，早落叶，树冠枯顶，以致死树。苹果开花坐果期水分太少，会缩短花期，影响授粉受精，坐果率明显降低。若花期降水太多，大雨和长期阴雨，都会减少柱头分泌物或因受冲刷而影响花粉的黏着和发芽，从而影响授粉受精，造成落花落果。二是影响苹果花芽分化和产量。降水对苹果花芽分化、生长发育、当年产量，以及翌年结果皆有重要影响。据研究表明，初果期树花芽分化期降水少，有利于花芽形成，使翌年增产；一般上一年生长季月降水量分布较均衡的，对苹果生长发育有利，也有利于翌年结果。三是影响苹果果实发育。随着幼果生长，果实含水量不断增加，果实生长发育需要大量供水，特别是果实迅速膨大期，若降水少又不能及时灌水时，会影响果实膨大，甚至落果。

**2. 苹果对水分的需求** 苹果喜欢较干燥气候，适宜年降水量在560～800毫米，土壤水分达到田间最大持水量的60%～80%较为适宜。雨量过多（1 000毫米以上），特别是高温多雨的情况下常表现为生长过旺、裂果、品质下降、病虫滋生；雨量过少（500毫米以下），则必须进行灌溉，以满足树体对水分的需要。从总降水量来看，我国主要苹果产区基本可以满足苹果对水分的要求。但因降水量年中各月分布不均，特别是华北地区，降水量主要集中在7～9月，易出现早春干旱和秋涝现象。因此，选择园地时要考虑到降水和水利设施问题，有一定的灌溉条件，配套滴灌、微喷、小管出流和水肥一体化设施，做到涝能排，旱能灌，旱涝保收，降低成本。开花前、新梢速长期、果实速长期和采后进行灌水、夏季做好排水是丰产的关键。

生产无公害苹果和绿色苹果，灌溉用水应符合表4-3、表4-4的要求。

**表4-3 无公害苹果产地农田灌溉水质量要求**（引自NY 5013—2006）

| 指标 | 指标值 | 指标 | 指标值 | 指标 | 指标值 |
|---|---|---|---|---|---|
| pH | 5.5～8.5 | 石油类≤ | 10 | 总铅≤ | 0.1 |
| 氰化物≤ | 0.5 | 总汞≤ | 0.001 | 总镉≤ | 0.005 |
| 氟化物≤ | 3.0 | 总砷≤ | 0.1 | 六价铬≤ | 0.1 |

注：pH无单位，其余8项指标的单位均为毫克/升。

**表4-4 绿色苹果产地灌溉水中各项污染物的指标要求**
（引自NY/T 391—2000）

| 指标 | 指标 | 指标 | 指标值 | 指标 | 指标值 |
|---|---|---|---|---|---|
| pH | 5.5～8.5 | 石油类（毫克/升）≤ | 10 | 总铅（毫克/升）≤ | 0.1 |
| 氟化物（毫克/升）≤ | 2.0 | 总汞（毫克/升）≤ | 0.001 | 总镉（毫克/升）≤ | 0.005 |
| 六价铬（毫克/升）≤ | 0.1 | 总砷（毫克/升）≤ | 0.05 | | |

## （四）土壤

土壤是苹果正常生长发育的重要物质基础，良好的土壤条件可以满足苹果对水、肥、气、热的要求。土层深厚、排水良好、酸碱度适宜、保肥保水能力强、有机质丰富的土壤适宜栽植苹果。

1. **土壤类型与土层厚度** 中国苹果优质区的土壤种类，主要为褐土、黄垆土、黄绵土、灰钙土和棕壤土等。其中，褐土类区域，栽植的苹果优质性表现突出。

土层深厚、土质肥沃有利于苹果根系的生长，使树体在养分、水分各方面都得到良好的供应。土层过浅，或地下水位过高，苹果树生长发育不良。而土壤过黏，特别是心土黏重紧实，孔隙度小，透气性差，不利于果树根系的生长，表现为树势弱、产量低、品质差、病虫害严重，建园时应尽量避免或进行改良。在土层不足70厘米的山地建园时，必须通过放树窝子扩穴，使土层深度达到0.8～1米。在深层为片麻岩的地方，由于其易风化，建园时其土层深度可降低要求。一般要求土层深度1米以上，地下水位在1～1.5米以下，土壤有机质含量1.5%以上，土壤氧气浓度为10%～15%。

2. **土壤酸碱度** 苹果喜微酸性到中性土壤，土壤酸碱度（pH）对苹果生长发育影响很大，一般要求土壤pH 5.4～6.8，在碱性土壤中，钾的有效性较好，铁、锰、磷、硼的有效性降低；在酸性土壤中，锰、铁、铝有效性好，磷、硼变得无效，锌、铜有效性降低。土壤pH低于4.0生长不良，高于7.8易出现失绿现象。

3. **土壤含盐量** 苹果正常生长的总盐量为0.13%～0.16%，受害极限在0.28%以上。目前已有的报道中耐盐性较强的砧木有小金海棠（*Malus xaojinensis* Chen et Jian.）、珠眉海棠（*Malus zumi* Mats.）、楸子［*Malus prunifolia*（Willd.）

Borkh.]、Luo-2 等。杜中军等用不同浓度的 NaCl 分别对 4 种苹果砧木进行处理，结果表明，耐盐力 Luo-2＞小金海棠＞Luo-1＞平邑甜茶，Luo-2 可以在 0.30%～0.35%盐浓度的土壤条件下应用，小金海棠和 Luo-1 适宜在 0.30%盐浓度以下的土壤中利用，平邑甜茶只适宜在 0.25%盐浓度下的土壤中应用。

苹果矮化砧木中耐盐性中等的有 M9、M16、M26 和 MM106，耐盐性较弱的砧木 SH15、M4、M11、M27 等。

除上述要求外，生产无公害苹果和绿色苹果，土壤还应符合表 4-5、表 4-6 中的要求。

**表 4-5　无公害苹果产地土壤环境质量要求**

| 指标 | 指标值（毫克/千克） | | |
| --- | --- | --- | --- |
| | pH＜6.5 | pH 6.5～7.5 | pH＞7.5 |
| 镉≤ | 0.3 | 0.3 | 0.6 |
| 汞≤ | 0.3 | 0.5 | 1.0 |
| 砷≤ | 40 | 30 | 25 |
| 铅≤ | 250 | 300 | 350 |
| 铬≤ | 150 | 200 | 250 |
| 铜≤ | 150 | 200 | 200 |

**表 4-6　绿色苹果产地土壤各项污染物的指标要求**

（引自 NY/T 391—2000）

| 指标 | 指标值（毫克/千克） | | |
| --- | --- | --- | --- |
| | pH＜6.5 | pH 6.5～7.5 | pH＞7.5 |
| 镉≤ | 0.3 | 0.3 | 0.4 |
| 汞≤ | 0.25 | 0.3 | 0.35 |
| 砷≤ | 20 | 20 | 15 |
| 铅≤ | 50 | 50 | 50 |
| 铬≤ | 120 | 120 | 120 |
| 铜≤ | 50 | 60 | 60 |

## （五）地形、风

**1. 地形**　适宜栽植苹果的地形包括平地、山地、丘陵地、高原等。平地指地势较为平坦，或向一方轻微倾斜或高度差不大的波状起伏地带。在同一平地范围内，气候和土壤因子基本一致，通常情况下，平地果园水土流失较少，土层较深厚，有机质含量较高，有利于果树生长和结果。但果园通风、日照和排水不如山地和高原地带的果园，造成果实的色泽、含糖量、风味等比山地和高原果园差。

我国是多山国家，利用山地发展苹果生产对调整和优化山区经济结构，促进山区农民脱贫致富，具有重要意义。山地空气流通、日照充足、昼夜温差大，有利于糖分的累积、果实着色和优质丰产，但山地也存在气候多样、交通不便、土层较薄、水土易流失等问题，因此建园时应综合考虑海拔高度、坡向、坡形、坡度等因素。山区建园园址应选择在背风向阳、光照充足、地势平坦、能灌能排、坡度在20°以下的区域。

丘陵地是介于平原和山地之间过渡性地形，坡度一般较山地和缓。丘陵顶部与麓部相对高度差小于100米的丘陵为浅丘，相对高差100～200米的为深丘，浅丘的特点近于平地，深丘的特点近于山地。浅丘地势较平坦、通风透光、排水良好、交通便利，是理想的建园地点。

**2. 风**　风对苹果树生长于结果即有利也有弊。2～3级微风，有利于果园空气流通，增强光合作用，减轻病害发生，同时也有利于有益昆虫活动，提高授粉效果。但花期风速超过6米/秒的大风、风沙天气，影响授粉受精，有时会导致花期不一致，坐果率明显降低，畸形果比例明显升高。果实套袋后和成熟前遇大风、风沙天气，常会导致大量落果，造成偏冠、损叶、折枝等不良后果。苹果园适宜建在年平均风速为3.5米/秒以下的地带，尽量选择大风和风沙小的地块，或建设防护林带。矮化苹果树特别是自根砧苹果树，由于根系固地性较差，在地形选择时应注意不要选在风口区，以防受损。

另外，我国有些苹果适宜地区，存在着冰雹带的规律性分布，建园前必须了解清楚，尽量不要在冰雹带内建园。

## 二、园地规划

园地规划是果园建立中的一项重要内容，合理规划不仅可以提高生产效率，而且也有利于果园机械化和防灾减灾。园地规划的主要内容包括小区规划、道路系统、辅助建筑物规划等。

### （一）小区规划

**1. 小区面积** 小区面积因立地条件而不同。平原果园或气候、土壤条件较为一致的园地，每个小区面积可设置为8～12公顷，山区与丘陵地形复杂，气候、土壤差异较大，小区面积应小，可缩小到1～2公顷。

**2. 栽植行向** 苹果园适宜长方形定植，以南北行向为好，因为东西行吸收的直射光要比南北行少13%，而且南北两侧受光均匀，中午强光入射角度大；东西行树冠北面自身遮阴比较严重，尤其是密植园盛果期株间遮阴更为突出。山坡地可采用等高线栽植或与地块长边平行确定行向，尽量使同一行果树定植点基本保持水平。

**3. 株行距** 确定株行距时主要考虑立地条件、砧穗组合、树形、机械化程度和管理水平等因素。与平地果园相比，山地果园株行距可适当小些，密度稍大；不同树形所适应的株行距也有差异，细长纺锤形比高纺锤形要求株行距大；机械化程度高的果园行距要大。

按目前省力化栽培水平，采用细长纺锤形整形，株行距（1.5～2）米×4米，每亩定植83～111株。采用高纺锤形整形，株行距（1～1.5）米×(3.5～4）米，每亩定植111～190株。

4. **品种选择** 优良的品种是生产优质苹果的基础。建园应做到良种化，应选用品质优良、抗逆性强、早果、丰产的品种，未经区域试验、生产试验的一些新品种应慎重选用。

**(1) 鲜食品种** 目前可供选择品种较多，但主要还是富士优系、元帅优系、嘎拉优系等品种。品种选择时要充分考虑当地的气候和立地条件、面向的消费群体和饮食习惯、市场情况等，确定最优的栽培品种或品种组合。目前生产中常用的优质早、中、晚熟苹果品种主要有藤牧1号、美国8号、中秋王、红露、信浓红、嘎拉优系（如丽嘎拉、陕嘎3号、早红嘎拉、红盖露）、红富士优系（天红2号、岩富10号、长富2号、玉华早富、早熟富士王、烟富1号、烟富3号、烟富6号、礼泉短富、惠民短富、宫崎短富、青森短富等）、王林、斗南、新乔纳金、华冠、粉红女士等，其特点详见第二章品种介绍。

**(2) 加工品种** 主要用于果汁加工，在品种选择上主要考虑高酸品种。

5. **授粉树配置** 授粉树必须适应当地的气候条件，与主栽品种的结果年龄、开花期、树体寿命等方面相近，要求花粉量大、质量好，可与主栽品种相互授粉。一般授粉树按照15%～20%的比例配置。主栽品种与授粉品种之间的距离应在20米以内。授粉树配置方式有4种。

**(1) 中心式** 在1株授粉树周围栽植8株主栽品种。授粉树占栽植总株数的11.1%。

**(2) 少量式** 授粉树沿果园小区边长方向成行栽植。每隔3～4行主栽品种栽1行授粉树。授粉树占栽植总株数的20%左右。

**(3) 对等式** 2个品种互为授粉树，相间成行栽植，各占栽植总株数的50%。

**(4) 复合式** 在2个品种不能相互授粉或花期不遇时，需栽植第三个品种进行授粉，第三个品种占全园总株数的20%左右。如栽植乔纳金、陆奥等三倍体品种时，应选配2个既能给三倍体品种授粉，又能相互授粉的品种。

近年来，荷兰、美国、加拿大、日本等国家选择应用了专用授粉品种作为授粉树，我国也引进了凯尔斯海棠、火焰海棠、绚丽海棠、红丽海棠、钻石海棠等一些专用授粉品种，具有抗病、抗旱、耐瘠薄、花量大等优点。经山东省果树研究所应用研究，早熟品种珊夏、嘎拉、藤木1号等，可选择凯尔斯海棠、火焰海棠作授粉树；中熟品种红星、乔纳金、金冠、红将军等，可选择绚丽海棠、红丽海棠、钻石海棠作授粉树；晚熟品种富士、粉红女士、澳洲青苹等，可选择雪球海棠、红绣球海棠作授粉树。专用授粉树主要提供花粉，与主栽品种可按（15～20）∶1的比例配置，不宜配置太多，否则影响总体苹果产量。专用授粉树的配置一般采用中心式，使主栽品种易于得到花粉。大型果园应当按小区的长边方向，一般3～4行主栽品种配置1行授粉品种。

## （二）道路和附属建筑规划

1. **道路系统** 道路的规划要适应果园机械化管理、农资和果品运输的要求，观光采摘园还要考虑观光采摘路线规划。道路系统包括主路、干路和支路。主路位置适中，要贯穿全园，宽度4～5米，可通过大型运输车辆，便于运输农资和果品。干路宽2～4米，可通过小型运输车辆、汽车和农机具，干路多设为小区的边界线。支路宽1.5～2米，为小区内作业道路，方便进行采收、喷药、施肥、修建等作业。

2. **附属建筑物** 果园附属建筑物包括办公室、财务室、车辆库、工具室、肥料农药库、包装场、配药场、果品贮藏库及加工厂等，应设在交通便利和有利于作业的地方。在干路旁，每两个相邻的小区建一处管理用房，兼顾农具、农资、包装场地等用途，并设配药池。

## （三）排灌系统规划

果园要有良好的排灌系统，做到旱能浇、涝能排。建立灌溉系统要考虑地形因素，还要根据水源、土质、蓄水、输水等条件进行果园灌溉网的规划设计。对果园灌溉管网进行合理设计，不但可以提高灌溉效率，还能促进提高果园管理效率，从而实现高效管理，节水省肥、节约人力，并且达到增产增效的目的。

**1. 果园蓄水及引水工程**　可在果园附近有水源的地方修建小型水库、堰塘等水利设施蓄水。有河流经过可考虑引水灌溉。根据地下水位确定坑井，水位高筑坑井，水位低则设置管井。

**2. 果园的输水和配水**　干渠和支渠是果园两大输水、配水系统。它的作用是把水从引水渠输送到灌溉渠道。干渠是灌溉系统中的主水渠，支渠是干渠下一级的、由干渠分流出去的沟渠，干渠位置一般高于支渠和灌溉渠。丘陵、山地选在分水岭地带设置干渠，支渠设置二、三级坡的水分线。根据果园划分小区的布局和方向，结合道路规划，以渠与路平行为好。输水渠道距离尽量要短，这样既能节省材料，又能减少水分的流失。输水渠道最好用混凝土或用石块砌成，在平原沙地，也可在渠道土内衬塑料薄膜，以防止渗漏。输水渠内的流速要适度，土渠内的流速不能太大，太大会引起冲刷。为保持水渠内的水流适中，一般干渠的适宜比降在0.1%左右，支渠的比降在0.2%左右。

**3. 灌溉渠道建立**　山地果园设计灌溉渠应考虑结合灌溉系统，排灌兼用。有条件的果园通常选择把灌渠设计成滴灌系统。滴灌系统的原理是在低压管道中把水送到滴头。一般把滴灌系统的干管、支管都埋在地下，滴灌器材由高压聚乙烯或聚氯乙烯制成。滴灌干管直径80毫米左右，埋深60～70厘米，支管直径一般为40毫米左右，埋深50～60厘米。滴灌管带是常用滴灌系统灌水器，由高压聚乙烯加炭黑制成，直径约10毫米。

**4. 排水系统** 排水系统包括明沟排水与暗沟排水，明沟排水是指在排水区内用明沟排除多余的地面水、地下水和土壤水。明沟排水是在地表间隔一定距离顺行挖一定深、宽的沟进行排水。由小区内行间集水沟、小区间支沟和果园干沟3个部分组成，比降一般为0.1%～0.3%。在地下水位高的低洼地或盐碱地可采用深沟高畦的方法，使集水沟与灌水沟的位置、方向一致。

暗沟排水是通过地下排水管道排除多余的地面水、地下水和土壤水。具有不占用果园行间土地、不影响机械化作业等优点，但暗沟排水系统的修筑需要较多的人力、物力和财力。暗沟可以由砖、水泥等砌成，也可在果园内安设地下管道（暗管）。暗管埋设深度一般为地面下0.8～1.5米，间距10～30米，也要考虑土壤性质、降水量与排水量等因素。沙质土果园中，排水管可埋深些，间距大些；黏重土壤果园排水管道设浅些，间距小些。铺设的比降为0.3%～0.6%，注意在排水干管的出口处设立保护设施，保证排水畅通。

## （四）防护林规划

**1. 防护林的作用** 中、大型苹果园设置防护林是提高苹果产量和品质的一个重要措施。防护林的主要作用：① 防止狂风对树体造成的机械伤和落花落果；② 减少果园水分蒸发，增加湿度；③ 减缓果园地表径流，保持水土；④ 调节果园小气候，夏季可以降低气温，冬季可以减轻冻害发生；⑤ 有利于蜜蜂活动，提高蜜蜂授粉效果。

**2. 防护林类型** 防护林由高大的乔木和灌木树种组成，要求生长快，寿命长，适应当地环境，根蘖少，与苹果树没有共同的病虫害，乔木树种材质好。大型果园要设主林带和副林带，主林带与当地风向垂直或成20°～30°的偏角，采用半透风林带，栽植 4～8 行，主林带的距离 200～400 米。副林带是辅助主林带阻拦来自其他方向的风，与主林带垂直，副林带的距离 500～800 米。

## 三、栽植技术

### （一）整地

**1. 土壤改良**　栽前要做好土壤改良，调整好土壤酸碱度，改善土壤理化性质。

**（1）瘠薄土壤**　对坡度较大、水土流失严重、土层较薄、土壤较贫瘠的山地采用水平沟或水平阶的方法，并进行客土，土层厚度达到 60 厘米以上，然后再通过秸秆粉碎还田、增施有机肥等措施，达到疏松土壤、改善土壤理化性质、提高土壤肥力的目的。坡度小、土层厚的山地不要坡改梯，提高土壤肥力后即可栽植，可比坡改梯提高土地利用率 30%。

**（2）黏土、沙土**　对于重黏土、重沙土和沙砾土应进行黏土掺沙，沙土、沙砾土掺塘泥、河泥或重黏土，以改良土壤结构，再通过秸秆粉碎还田、增施有机肥等措施，达到改善土壤情况及提高土壤肥力的目的。

**（3）盐碱土**　含盐量及 pH 较高土壤，会使苹果树发生生理性障碍，出现叶片黄化和缺素症，需加以改良。通常采用以下办法：① 多施有机肥和酸性肥料（过磷酸钙、硫酸钾等），对碱性土壤进行调节；② 建立排灌系统，定期引淡水灌溉，进行灌水洗盐，以降低盐碱含量；③ 地面铺沙、盖草或腐殖质土，以防止盐碱上升；④ 营造防护林，种植绿肥植物，降低风速，减少水分蒸发，防止返碱。

随着果园生产年限的增加，由于片面使用化肥等原因，可能会使土壤酸化，降低土壤微生物活性和大量土壤酶活性，导致土壤养分有效性下降，引发苹果树营养障碍、生长发育不良和产量降低、品质下降。施用石灰可以缓解土壤酸度危害，减轻酸化土壤对苹果树的影响。pH<4.5时，一般每亩可施入生石灰100～150千克深翻入土。

**2. 整地** “三优”栽培技术体系要求采用沟状整地，沟深60～80厘米，宽60厘米左右。挖沟时将地表熟土与下层的底土分开堆放。沟挖好后，回填时在沟底部填充厚20厘米左右粉碎的秸秆、稻草等有机物，增加土壤有机质，并混入少量氮肥促进秸秆腐烂。在秸秆上填压底土与有机肥的混合物。再在其上添加有机肥与表层熟土的混合物直至填平，后灌透水沉实，以备栽植。要求每亩施入4～6米$^3$腐熟的羊粪、牛粪等有机肥。还可采用简便的定植沟整地方法，挖沟前每亩施入6～10米$^3$腐熟的羊粪、牛粪等有机肥。将有机肥附在欲挖的定植沟上，然后用机械进行开沟，随开沟随填埋，并将有机肥与土壤混匀，整平，灌透水沉实，以备栽植。

春季栽植时以上一年的秋季整地为宜，秋季栽植时以雨季整地为宜。

## （二）苗木准备

### 1. 苗木选择

**（1）苗木类型** 矮化苹果苗木依砧木利用方式不同可分为矮化自根砧苗木和矮化中间砧苗木。生产中应用的矮化砧木主要有M26、M9、T337、SH40、SH6、GM256等。不同地区因气候条件和土壤类型的差异，可选择不同类型的矮化砧木及砧穗组合。各地在选择矮化砧木时，要结合当地气候条件、土壤类型及以往矮砧适应性表现，合理选择适宜当地条件的矮化砧木及砧穗组合。应该对砧木的耐旱性、耐寒性、易成花性等进行全面评价，冬季极端最低气温、早春风寒情况、年降水量及灌溉条件等是必须考虑的因素。砧穗组合在充分考虑适应性的基础上，树体容易成花、较早结果是重点指标。国家苹果产业技术体系2014

年建议，选择 M 系砧木地区极端气温应在－25～－23 ℃以内；延安、太原、邢台以北地区，可以选用容易成花的 SH 系砧木；东北寒冷地区可以选用 GM256 与寒富的砧穗组合。陕西、山东、河南、甘肃、河北、山西、辽宁等省份矮砧选择区域化建议方案见表 4－7 至表 4－13。

**表 4－7　陕西省建立矮砧富士苹果园矮砧选择区域化建议方案**

| 栽培区域 | 肥水条件 | 矮砧类型及利用方式 |
|---|---|---|
| 铜川新区以南海拔在 900 米以下地区（包括宝鸡中南部、咸阳南部、渭南南部、铜川新区、耀州区等） | 有灌溉条件或肥水条件较好；年均降水量 600 毫米以上；年极端低温－22 ℃以上 | M9 优系，如 T337、Pajam 1、Pajam 2 等的自根砧或中间砧；M26 中间砧或自根砧＋短枝富士，采用双矮栽培；M26 中间砧＋普通富士，中间砧露地面 5 厘米以上，亩栽植密度比 M9 优系降低 20%～30% |
| 铜川印台区以北洛川以南，海拔 900～1 100 米地区（包括宝鸡的千阳、陇县部分乡镇，咸阳北部、渭南北部、洛川、黄陵、宜君、印台等） | 旱地建园，无灌溉条件，年均降水量 550～600 毫米；年极端低温－26 ℃以上 | M26 作为中间砧，中间砧栽植深度采用动态管理办法；SH 系砧木（SH1、SH6、SH40）＋短枝富士 |
| 洛川以北，海拔 1 100 米以上地区（包括富县、宜川、宝塔区等） | 旱地建园无灌溉条件；年均降水量 550 毫米以下；年极端低温－28 ℃以上 | SH 系砧木（SH1、SH6、SH40）＋普通富士 |

注：旱地建立矮砧果园应采用旱作栽培措施或灌溉设施。

**表 4-8　山东建立矮砧富士苹果园矮砧选择区划建议方案**

| 栽培区域 | 肥水条件 | 矮砧类型及利用方式 |
|---|---|---|
| 胶东半岛区包括烟台、青岛、威海三市全部，含28个市（县） | 土壤肥沃，有机质含量1.0%以上；土壤 pH 6.5～7.8；灌溉条件良好 | 主要类型：T337、M9、M7、MM106<br>利用方式：自根砧 |
| | 土壤肥力中等，有机质含量 0.6%～1.0%；土壤 pH 6.5～7.8；灌溉条件较好 | 主要类型：M26、SH 优系<br>利用方式：中间砧 |
| 鲁中南山丘区包括泰安、淄博、济南、潍坊、莱芜、临沂、日照、枣庄八地（市），含 72 个市（县） | 土壤肥沃，有机质含量1.0%以上；土壤 pH 6.5～7.8，灌溉条件良好 | 主要类型：T337、M9、M7、MM106<br>利用方式：自根砧 |
| | 土壤肥力中等，有机质含量 0.6%～1.0%；土壤 pH 6.5～7.8；灌溉条件较好 | 主要类型：M26、SH 优系<br>利用方式：中间砧 |
| 鲁西南平原区包括聊城全部、德州大部，以及菏泽、济宁二地（市），含41个市（县） | 土层深厚，肥力较高，有机质含量 1.1%以上；雨季地下水位 1.2 米以下；土壤 pH 6.8～8.0；排灌条件良好 | 主要类型：T337、M9、M7<br>利用方式：自根砧 |
| | 土层深厚，肥力中等，有机质含量 0.5%～1.1%，雨季地下水位 1.2 米以下；土壤 pH 6.5～8.0；排灌条件良好 | 主要类型：M26、SH 优系<br>利用方式：中间砧（建议选用短枝型品种） |

**表 4-9　河南建立矮砧苹果园矮砧选择及推荐品种区域化建议方案**

| 栽培区域 | 肥水条件 | 矮砧利用方式及推荐品种 |
|---|---|---|
| 三门峡海拔在 800 米以下地区（包括灵宝苏村、阳店、阳平、故县、尹庄；陕县大营、张湾、西张村镇南部；卢氏县范里镇；湖滨区） | 有灌溉条件或肥水条件较好；年均降水量 500 毫米以上；年极端低温 −20 ℃以上 | 自根砧，选择 M9 优系，如 T337、Pajam 1、Pajam 2 等；中间砧，选择 M26、M9 等，要求栽植中间砧露地面 15 厘米以上；品种以富士系、华冠系、新红星为主 |
| 灵宝、卢氏、陕县海拔 800～1 200 米地区（包括寺河、五亩、官道口、寺古洼、西张村北部等） | 旱地建园无灌溉条件；年均降水量 600 毫米以上；年极端低温 −20 ℃以上 | 主要用中间砧，选择 M26、M9 等，中间砧木栽植深度采用动态管理办法；自根砧做试验；品种以富士系、华冠系、新红星为主 |
| 豫东黄河故道地区及中部地区 | 地下水源丰富；降水量 600 毫米以上；极端低温 −20 ℃以上 | 主要用自根砧，如 T337、Pajam 1、Pajam 2 等；由于自根砧短缺，可以考虑用 M26、M9 作中间砧；品种以华硕、华美、华玉、嘎拉等早中熟品种为主 |

**表 4-10　甘肃省建立矮砧富士苹果园矮砧选择区域化建议方案**

| 栽培区域 | 海拔高度 | 品　种 | 肥水条件 | 矮砧利用方式及推荐品种 |
|---|---|---|---|---|
| 陇东黄土高原栽培区（六盘山以东产区） | 1 400 米以下，年极端低温 −22 ℃以上 | 短枝富士、嘎拉、秦冠 | 年降水量 500 毫米以上，肥水条件较好或有补灌条件，综合管理水平高 | 适宜发展 M26＋短枝红富士双矮砧穗组合；SH 优系＋短枝红富士双矮砧穗组合 |
|  | 1 500 米以下，年极端低温 −26 ℃以上 | 长富 2 号、嘎拉、秦冠 | 年降水量 450 毫米以上，土壤较肥沃，综合管理水平较高，无灌溉条件 | 适宜发展 M26＋长富 2 号砧穗组合；SH 优系＋长富 2 号、SH 优系＋宫藤富士砧穗组合 |

（续）

| 栽培区域 | 海拔高度 | 品　　种 | 肥水条件 | 矮砧利用方式及推荐品种 |
|---|---|---|---|---|
| 陇东南沟壑山地栽培区（六盘山以西产区） | 1 450 米以下，年极端低温－22 ℃以上 | 短枝富士、嘎拉、秦冠 | 年降水量 500 毫米以上，肥水条件较好或有补灌条件，综合管理水平高 | 适宜发展 M26＋短枝红富士双矮砧穗组合；SH 优系＋短枝红富士双矮砧穗组合 |
| | 1 600 米以下，年极端低温－26 ℃以上 | 长富 2 号、嘎拉、秦冠 | 年降水量 450 毫米以上，土壤较肥沃，综合管理水平较高，无灌溉条件 | 适宜发展 M26＋长富 2 号砧穗组合；SH 优系＋长富 2 号、SH 优系＋宫藤富士砧穗组合 |

**表 4-11　河北省建立矮砧苹果园矮砧选择及推荐品种区域化建议方案**

| 栽培区域 | 气候特征 | 矮砧利用方式 |
|---|---|---|
| 大苹果非适宜区（河北省最北部蔚县、张北、围场、沽源等县） | 山区小气候，冬季绝对低温频现低于－26 ℃ | 山定子为基砧，GM256 为中间砧；金红等小苹果品种 |
| 北部寒冷地区（涞源、涿鹿、滦平及平泉等） | 浅山丘陵区为主，冬季绝对低温－26～－23 ℃ | GM256 或 SH 优系作为中间砧木，山定子为基砧；适宜品种寒富、国光、乔纳金、富士等 |
| 中部大部分地区（秦皇岛大部分地区、廊坊、保定、沧州、衡水、石家庄和邢台中北部等） | 燕山和太行山浅山丘陵区、环渤海湾区、滨海盐碱区及平原地区，冬季最低气温－23～－16 ℃ | 基砧八棱海棠或山定子，SH 优系中间砧；品种可以依据市场配置，建议谨慎选择未经区试的优种 |
| 南部地区（邢台南部和邯郸大部） | 太行山南端山前平原及平原沙地，冬季最低气温－16 ℃以上 | 基砧为八棱海棠，中间砧 M9 优系和 SH 优系中矮化作用较强的类型；中早熟品种、短枝型品种 |

**表 4-12　山西省苹果（富士）矮砧选择区域化建议方案**

| 栽培区域 | 肥水条件 | 矮砧利用方式 |
| --- | --- | --- |
| 运城市，海拔 550 米以下（盐湖区、芮城县、临猗县、万荣县、平陆县等 13 个县、市） | 有灌溉条件或肥水条件较好；年均降水量 500 毫米以上；年均温 11.5～13.5 ℃，年极端低温 −21 ℃以上 | 自根砧，选择 M9 优系 T337；中间砧，选择 M9、M26、SH 优系等 |
| 除运城市外，适合苹果生长的地区 | 有灌溉条件或旱地；年均降水量 400 毫米以上；年均温 8 ℃以上，年极端低温 −26 ℃以上 | 中间砧木，选择 SH 优系 |

**表 4-13　辽宁建立矮砧苹果园矮砧选择区域化建议方案**

| 栽培区域 | 肥水条件 | 矮砧利用方式 |
| --- | --- | --- |
| 大连瓦房店南部乡镇以及金州、甘井子、旅顺区 | 年均降水量 700 毫米以上，有灌溉条件或肥水条件较好；年极端低温在 −20 ℃以上 | M9、T337、MM106 自根砧；株行距（1.0～2.0）米×（3.5～4.0）米。品种为富士系、嘎拉、乔纳金等 |
| 辽阳、沈阳、抚顺、阜新、本溪、铁岭 | 年均降水量 500～700 毫米，多数果园有灌溉条件，年极端低温在 −30 ℃以上 | GM256 中间砧；株行距 2.0 米×（3.5～4.0）米。品种为寒富、岳阳红、龙丰等 |
| 营口、锦州、朝阳、丹东、鞍山南部、大连东北部、葫芦岛等 | 年均降水量 400～800 毫米，旱地建园有灌溉条件；年极端低温 −25 ℃以上 | GM256、77-34、辽砧 2 号中间砧；株行距 2.0 米×（3.5～4.0）米；品种为寒富、金冠、岳华、华红等 |

**（2）苗木分级** 在品种纯正、生长健壮、根系完整、无病毒、无病虫危害的基础上，按苗木品种、粗度、高度进行分级。栽时要按苗木的大小按行或小区定植，以提高果园整齐度，便于生产管理。苗木分级标准参照第三章表3-3。

此外，还可选择带分枝大苗建园，苗木质量要求是：中心干直立，基部干径在1.2厘米以上，苗高1.5米以上；分枝多、角度开张、健壮，分枝高度平均在70厘米以上，在合适的分枝部位有6～10个40～50厘米长的分枝；根系健壮、完整，侧根多，大多数长度超过20厘米，毛细根密集。大苗建园可实现当年栽树翌年结果、成活率高、抗逆性强、园相整齐，比传统建园提早结果1～2年，为苹果早果丰产高标准建园打好基础。

另外，建园时一定要多购置10%～20%的苗木作为预备苗，以备补植，提高建园整齐度。

2. 苗木处理

**（1）苗木假植** 苗木购回后，首先应进行假植，防止苗木风干。具体假植方法详见第三章“苗木出圃”部分。

**（2）清水浸泡** 栽植前苗木用清水浸泡不少于24小时，使苗木吸足水分，以提高栽植成活率。

**（3）根系处理** 将苗木骨干根剪留20～25厘米，疏除伤残根，伤口剪到健康部位。栽植前用生根粉蘸根，及时栽植，减少根系暴露时间。

**（4）嫁接口处理** 剪除嫁接口处的干桩，并用杀菌药剂及时涂抹处理；若嫁接时的绑缚材料未去除的，此时应去除。

**（5）分枝处理** 对于普通苗木，剪除所有分枝，以减少水分和养分消耗，提高苗木栽植成活率；对于带分枝大苗建园的苗木，要剪除劈伤枝。

## （三）栽植时期

**1. 春季栽植** 春季栽植在3月中旬至4月中旬土壤解冻后

到萌芽前（清明前后）进行。栽植时间不宜过早，以当地苹果芽萌动前最为适宜。与秋栽苗相比，春栽苗缓苗期长，发芽迟，生长慢。但冬季寒冷易抽条地区采用春栽，省工省时，成活率也高。

2. **秋季栽植**　秋季利用本地苗木，趁雨抢墒带叶栽植，栽时应注意使根系尽量多带土。注意冬季对苗木保护，特别要防止冻害、抽干以及兔害等。

**（1）早秋带叶栽植**　一般在9月上旬至10月上旬进行。自育苗木或苗圃地距离很近或果园缺株补植，可采用此方式。注意挖苗时少伤根、多带土，随挖随栽。选阴雨天或雨前定植为好，否则会影响成活率。

**（2）落叶后到土壤冻结前栽植**　这时由于土壤温度较高，墒情较好，栽后根系伤口容易愈合，有利于根系恢复和发生新根。一般栽植成活率高，缓苗期短，萌芽早，生长快。冬季寒冷地区，采用秋栽方法，栽后要埋土防寒，否则易发生抽条，降低成活率。

## （四）定植技术

1. **挖定植穴**　按照规划的株行距挖好定植穴，做到横平竖直，栽树不必挖大坑。

**（1）栽植矮化自根砧苗木**　果园定植穴深度20厘米左右。

**（2）栽植矮化中间砧苗木**　不起垄栽培的果园定植穴深度40厘米左右，起垄栽培的果园定植穴深度20厘米左右。

2. **栽植**　先拉好定植线，确定定植点。将苗放入定植穴内，舒展根系，扶正苗干，使其纵横成行，边填土、边提苗，并用脚踏实，使根系与土壤密切接触。

**（1）栽植矮化自根砧苗木**　对于矮化自根砧苗木，以在地面上保留5～10厘米矮化砧为宜。

**（2）栽植矮化中间砧苗木**　不起垄栽培的果园定植深度，苗木第二嫁接口低于地表10厘米左右，栽植深度埋到中间砧1/2～2/3处，在地上保留5～10厘米中间砧。起垄栽培的果园定植深度，苗木第二嫁接口与地表相平，以后起垄埋到中间砧1/2～2/3处。

矮化苗木品种段不能埋入地下，否则品种段生根，矮化变成乔化，失去矮化砧的意义。矮化砧木地上留得过高，不利于果树前期生长，树冠成形慢，果园产量上升慢，抗性减弱；地上留得过低，矮化作用小，果树营养生长旺盛，推迟挂果，后期树冠控制较难。

## （五）栽后管理

**1. 苗木保护** 秋栽苗木要防冬季冻害、抽干，常用方法有两种。

**（1）埋土防寒** 即在土壤封冻前，在苗木品种嫁接口的反方向培小土堆，将苗木顺势缓缓（苗木粗壮时慢慢折弯）压在土堆上，其上培土30～40厘米，翌春芽子萌动前刨去覆土，踩实土壤，扶正苗木。

**（2）套塑料管套** 苗木定植后，定干，再套上塑料管套，以保持苗木湿度，同时管套内的温度也较高，有利于成活。

**2. 定干** 定干高度以苗木质量和所采用树形而定，一般在100～120厘米饱满芽处定干，若苗木质量高，定干高度可以提高到150～180厘米。同一块果园尽量定干高度一致，以增加果园整齐度。

**3. 地膜覆盖** 栽植后纵横斜成行，并立即灌水，待水渗后用少量土盖住苗基部缝隙。新栽幼树树盘覆膜，经济实惠效果好，覆膜可提高树盘表层土壤温度2～4℃，提高土壤水分5%左右。

**4. 刻芽** 定植后至萌芽前，在剪口第五个芽以下、地面60厘米以上进行刻芽，每株刻芽6～10个。有条件的可用抽枝宝点芽。

**5. 套塑料管** 用塑料管将苗木整株套严，塑料管外中部和基部缚2条细绳或胶带，防苗木失水和病虫危害。根据发芽情况，新梢长3～5厘米时，将塑料管顶部撕开放风2～3天后，将塑料管去除。

**6. 抹芽** 萌芽后及时抹除距地面60厘米以内萌发的芽。去除中心干延长枝下的两个竞争枝。

**7. 立支架** 利用矮化砧苗木建立的果园，树体易出现偏斜和吹劈现象，须进行立架栽培。一般10～15米间距设立一个镀锌钢管（直径6～8厘米）或水泥桩（10厘米×12厘米），地下埋70厘米，架高3.5～4.0米，均匀设4～5道直径2.2毫米钢丝，最低一道丝距地面0.8米。每行架端部安装地锚固定和拉直钢丝（向外斜15°左右）。

选用高度在4.0米、直径1.0厘米左右的竹竿作为支柱（太粗会影响侧芽萌发），埋入地下50厘米，每株立1个竹竿，定植苗绑缚在竹竿上。中心干随生长随绑缚，保持中心干通直强壮。

**8. 追肥与灌水** 及时充足的水分对果树苗木成活、生长发育至关重要，栽后必须及时浇水。在5月中旬，以氮肥为主进行追肥，每亩施尿素5千克，施肥后浇水。6月中旬，每亩施尿素10千克，施肥后浇水。10月中旬，每亩施磷酸二铵30千克，施肥后浇水。11月下旬，浇封冻水。在防治病虫害的同时进行叶面喷肥，前期以氮肥为主，后期以磷、钾肥为主。

**9. 病虫害防治** 以防治蚜虫、卷叶蛾、红蜘蛛、潜叶蛾等害虫和苹果早期落叶病等为主，喷施吡虫啉、甲维盐、阿维螺螨酯、代森锰锌等药剂，确保不发生病虫危害。

**10. 拉枝** 定植当年，新梢长到20～30厘米时，用牙签、开角器或铁丝钩拉枝开角，枝条角度保持在90°～120°。

**11. 行间生草** 果园建立后，行间间作农作物将对树体造成不利影响，建议采用生草制。当杂草高度达到40厘米左右时进行刈割。1年刈割4～5次。浇冻水前，行间用旋耕机中耕，避免冬季火灾的发生。

**12. 起垄与平沟** 起垄可以改善土壤物理性状，干旱时减少果园水分蒸发，降雨时有利于排水，减少内涝危害。起垄栽培的矮化中间砧果园定植时苗木第二嫁接口与地表相平，秋季需要起垄，将苗木矮化中间砧埋入地下10～15厘米。起垄是沿苹果树行向，以树干为中心，中间高，两边低，呈梯形或弧形，起垄宽度100～150厘米，高度15～20厘米。不起垄栽培的果园定植时苗木第二嫁接口低于地表10厘米左右，秋季需要将沟填平，正好将苗木矮化中间砧埋入地下10～15厘米。

**13. 树干涂白** 越接近地面温度变化幅度越大，易出现冻害或日烧，而造成树干损伤。树干涂（喷）白，能保护树体安全越冬。建议晚秋、早春用防冻液或自制涂白剂分两次喷白、涂白。配方：生石灰∶石硫合剂∶食盐∶油脂∶水＝6∶1∶1∶少许∶20。

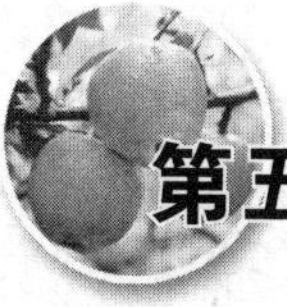

# 第五章　整形修剪技术

整形修剪是苹果管理中一项非常重要的农艺栽培措施，是苹果栽培中理论与实践结合紧密的一项实用技术。整形修剪包括树形培养和修剪两部分内容，其中整形是根据树形培养目标通过修剪技术构建理想的树体结构与形状，打造果园优质丰产的基础；修剪则是在整形的基础上，通过各种技术措施对树体进行调控，协调树体各个部位之间的关系，实现果园通风透光，达到丰产、稳产的目的。本章就苹果“三优”栽培中应用的主要树形、整形过程及关键修剪技术进行介绍。

## 一、主要树形及整形过程

苹果“三优”栽培应用的树形有细长纺锤形、高纺锤形、Y形、V形等，该类树形共同的特点为：树体结构简单、树冠矮小、冠形紧凑、行间通风透光等。

### （一）细长纺锤形

**1. 结构参数**　主干高60～70厘米，树高350厘米左右，冠径200～250厘米。中心干直立强健，中心干上均匀着生20个左右分枝（或称小主枝），小主枝不分层，呈螺旋上升状排列，同侧主枝上下间距40厘米左右；主枝开张角度90°～120°，主枝单轴延伸，不留侧枝，主枝上直接着生结果枝或小型结果枝组；主枝与中心干从属关系明显，枝干比小于1∶3，下层主枝较大，向上依次减小，树冠呈细长纺锤状（图 5－1）。该树形适于株行距（1.5～2）米×4 米的苹果矮砧密植栽培。

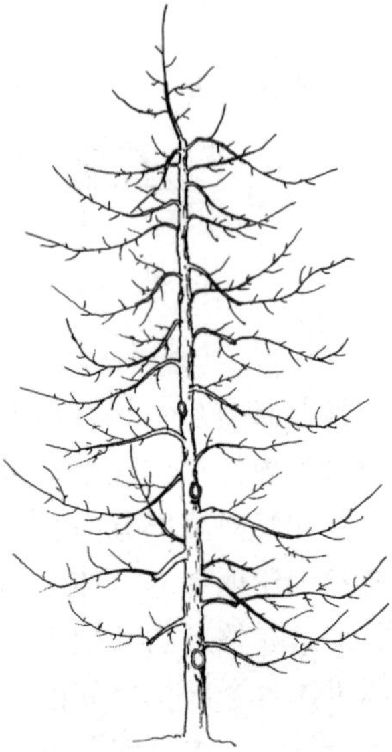

图 5－1 细长纺锤形
（引自《苹果整形修剪图解》，马宝焜 著）

2. 整形过程

**（1）第一年整形修剪**

① 定干。苗木栽植后，需要立即进行定干，定干高度应根据栽植苗木的质量而定。当苗木干径＞1.2 厘米时，适宜的定干高度为 100～120 厘米，当苗木干径在0.8～1.2 厘米范围内时，适宜的苗木定干高度为 80～100 厘米；对于生长健壮、高度在 180 厘米以上的二年生带分枝大苗，可不定干，只需疏除粗度超过主干 1/3 的分枝即可。定干时，适宜的剪口部位应选择在饱满芽处上方 0.5～0.8 厘米处进行，剪口要平、齐，定干后剪口处应涂抹含有杀菌剂的伤口愈合剂。

② 促萌。为保证新栽苗木萌发侧枝数量充足且发枝部位适宜，在春季萌芽前需在整形带内进行刻芽或涂抹发枝素进行促萌，其具体方法为：在整形带内每隔 2～3 芽呈螺旋状进行刻芽或涂抹发枝素，萌芽后 10 天内对不发枝部位再进行第二次刻芽，或选择其他适宜发枝部位进行刻芽或涂抹发枝素，以促进发枝。

③ 扶壮中心干延长枝。扶壮中心干延长枝是保持中心干强健的重要措施。5 月中下旬，在新栽幼树定干剪口下选择生长直立健壮的新梢作为中心干延长枝，同时疏除中心干延长枝下方 2～3 个竞争性新梢，并利用竹竿或镀锌钢管对中心干延长枝进行直立绑缚，以保持中心干延长枝直立生长优势。

④ 拉枝开角。当中心干上刻芽促萌的侧生新梢长到15～20厘米时，应该对侧生新梢进行基部开角（图5-2）。具体做法是先对新梢基部进行拿枝软化，同时用牙签对基部进行开张角度，使其角度在90°～100°，此后新梢每生长15～20厘米，应保持对其进行拿枝软化使其保持该角度；在6月上中旬，当新梢长至40～50厘米时，此时可以利用开角器或线绳将新梢拉枝开角100°～120°，生长季后期为防止梢头上翘，应及时通过拉枝或坠枝等手段对新梢延长头进行角度控制，直至秋梢停长。

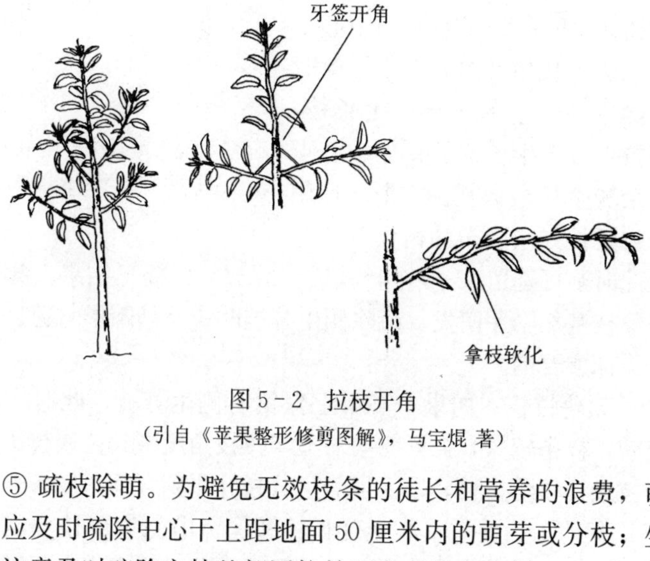


图5-2　拉枝开角

（引自《苹果整形修剪图解》，马宝焜 著）

⑤ 疏枝除萌。为避免无效枝条的徒长和营养的浪费，萌芽后，应及时疏除中心干上距地面50厘米内的萌芽或分枝；生长季应注意及时疏除主枝基部因拉枝开角萌发的新梢。

**（2）第二年整形修剪**

① 春季修剪。春季修剪一般应于3月上旬至萌芽前进行（图5-3）。

a. 中心干延长枝修剪。为促进中心干上萌发充足数量的侧生分枝，春季应对中心干延长枝进行短截处理。具体方法：选取饱满芽处短截中心干延长枝，一般中心干延长枝剪留长度60～

80厘米，如中心干延长枝较为粗壮，则剪留长度可适量长些，剪留100～120厘米。为保证短截伤口及时愈合并防止病菌感染，剪口处应及时涂抹愈合剂。

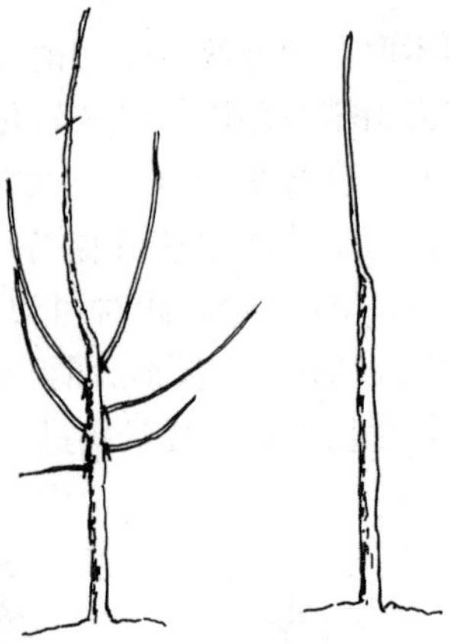


图5-3 第二年春季修剪
（引自《苹果整形修剪图解》，马宝焜 著）

b. 中心干上侧生分枝修剪。对中心干上萌发的侧枝，春季修剪时应首先疏除枝干比>1/3的分枝和长度>80厘米的分枝。疏除上述影响树体结构的枝条后，如中心干上剩余侧生长枝数量<5个，此时应疏除中心干上的全部侧生长枝，以保持中心干生长优势；如中心干上剩余侧生长枝数量≥5个，且剩余长枝延长方向能布满树体各个方位，此时则可选留5～6个长枝进行缓放，以提早结果。为了保证疏除枝基部隐芽萌发，疏除侧生分枝时应留马蹄形斜剪口，剪口处涂抹愈合剂。

c. 软化拉枝。如果中心干上保留有侧生分枝，此时应趁树液流动，枝条较软，抓紧时间对上年拉枝角度不到位或枝头上翘的分枝进行软化拉枝，以保证侧生分枝开张到合理角度。

d. 促萌。为促进中心干延长枝和保留的侧生分枝上能萌发足够数量的新梢，快速增加幼树枝量，萌芽前应在中心干延长枝和剪留分枝整形带内进行刻芽或涂抹发枝素，方法按照新栽苗木促萌措施进行即可，只是侧生分枝上只促萌侧芽，背上芽或背下芽不促萌。

② 生长季修剪。

a. 疏除花序。为保证幼树的营养生长和快速成形，栽植第二年的幼树不建议留果。因此，花期应疏除幼树上所有的花序，以防止开花坐果对幼树营养生长造成不利影响。

b. 疏梢除萌。在整个生长季，幼树整形的关键是继续保持中心干延长枝的直立生长优势。具体做法：在中心干延长枝顶端3～4个新梢分别长至10～15厘米时，选留其中最为直立健壮的新梢作为中心干延长枝，疏除其余的2～3个竞争性新梢，同时将选留的新梢绑缚在竹竿或镀锌钢管支架上，以保持其直立生长优势。为合理布局中心干上新萌发的侧生分枝，生长季需及时疏除中心干上剪口处的并生梢、着生在中心干上的过密梢以及中心干上距地面50厘米内的萌发新梢。如中心干上保留了上年的侧生分枝，生长季则需要及时疏除二年生主枝上的延长头竞争梢和背上直立梢。

c. 拉枝开角。生长季应及时对新萌发的侧生新梢进行拉枝开角，具体做法与第一年管理相同。如果中心干上保留有上年萌发的枝条，生长季应对其上萌发的枝条进行扭梢或拉枝，具体做法：当二年生主枝背上新梢长至15～20厘米时，在新梢基部进行低位扭梢，防止背上新梢成为徒长枝；当二年生主枝上斜上生长新梢长至15～20厘米时，对其进行转枝或软化拉平。

d. 摘心。为控制侧生新梢旺长，并促使侧生新梢上腋芽萌发，生长季应当对长势较旺的侧生新梢进行摘心。即当新梢长至20～25厘米时，用果枝剪摘除其生长点并剪除生长点下2～3片叶片；摘心后的新梢再长至20厘米左右时进行第二次摘心，以此类推，一般整个生长季可摘心2～3次。

**(3) 第三年整形修剪**

① 春季修剪。3月上旬至萌芽前进行（图5-4）。

a. 中心干延长枝修剪。幼树经过2年的生长，树高基本达到2.5～3.0米，但尚未达到细长纺锤形应有的高度。因此，第三年的春节应继续对中心干延长枝进行短截处理，即选取饱满芽处进行短截，一般剪留60～80厘米。

b. 主枝修剪。第三年对中心干上着生的侧生分枝修剪分为两种情况。

第一种是中心干上着生的全部为一年生主枝，即第二年春季修剪时将所有侧生分枝全部疏除后再生长一年的状况。此种状况一般表现为着生在中心干上的主枝较细、短，枝干比符合要求。因此，修剪相对较容易。具体做法：首先要疏除中心干上枝干比>1/3的粗壮枝和长度超过80厘米的过长枝，其次从中心干上各个主枝占据方位入手，将上下位置重叠的过密枝、剪锯口处萌发的并生枝等进行疏除，疏除后保持同侧主枝间距40厘米左右，各个主枝合理占据树体各个空间即可。注意修剪后要及时对开张角度不够的枝条进行软化拉枝。

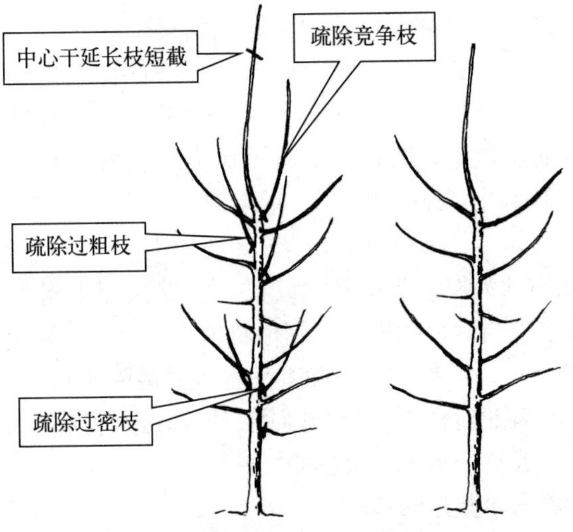


图5-4　第三年春季修剪

（引自《苹果整形修剪图解》，马宝焜 著）

第二种情况是中心干上着生的既有一年生主枝，又有二年生主枝，即第二年春季修剪时未全部疏除中心干上着生的侧生分枝，而是保留了部分第一年萌发的侧生分枝。针对这种状况，修剪应针对不同枝龄的主枝进行分类修剪。对一年生主枝按上述第一种修剪手法进行；对二年生主枝主要是疏除着生在二年生主枝上的背上枝、距主枝基部10厘米内的枝条以及延长头的竞争枝，不留侧枝，保持其单轴延伸。

c. 促萌。为促进中心干延长枝和选留的侧生一年生枝上芽体萌发，春季修剪时应继续在整形带内合理部位刻芽或涂抹发枝素进行促萌，以确保树体在第三年形成足够的枝量。

② 生长季修剪。

a. 疏除花序。第三年树体可适当留花留果。春季萌芽后，如果是主枝上中、短枝开花，则视主枝的长势、花量等实际情况疏除部分花序，疏除后每个主枝留果2～5个即可。如果是腋花芽开花，则全部疏除。

b. 疏梢除萌。第三年应继续保持中心干的直立生长优势。选留直立旺盛的新梢作中心干延长枝，疏除其下2～3个竞争性新梢；为保证树冠内通风透光，生长季应及时疏除剪锯口处萌发的并生梢、树冠内同侧萌发的过密梢等；继续疏除中心干距地面50厘米内萌发的新梢；对2～3年生主枝上萌发的背上徒长枝、延长头竞争枝要及时疏除。

c. 拉枝开角。生长季继续对中心干上新萌发的侧生新梢进行拉枝开角，具体方法同第一、二年管理措施。

d. 摘心。为抑制新梢旺长，促进枝量增加，生长季对中心干上新萌发的侧生新梢和二年生以上主枝上萌发的壮梢应及时摘心处理。即新梢每长至25厘米左右时进行摘心1次，摘心时一并摘除其下2～3片叶片。

e. 转枝扭梢。生长季对二年生以上主枝上萌发的背上新梢、斜向上生长新梢要及时进行转枝、扭梢处理。具体做法：当主枝背上新梢长至15～20厘米时，在距新梢基部5厘米左右部位进行低位扭梢；当斜上生长新梢长至15～20厘米时，要及时用铁丝或开角器对其进行转枝或软化拉平。

(4) 第四年整形修剪

① 春季修剪。3 月上旬至萌芽前进行（图 5-5）。

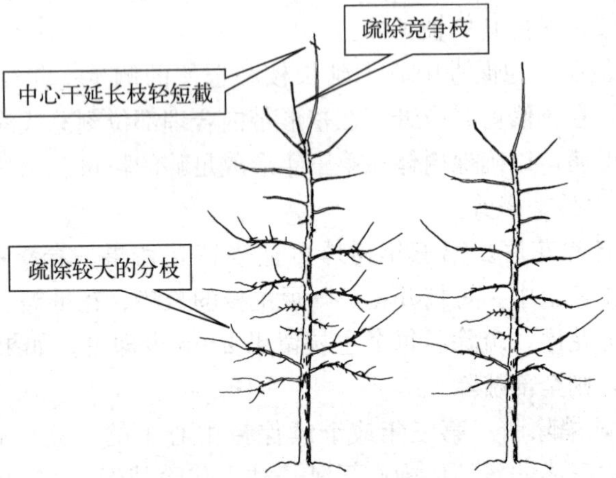


图 5-5　第四年春季修剪

（引自《苹果整形修剪图解》，马宝焜 著）

a. 中心干延长枝修剪。第四年时，树体高度基本达到整形要求。因此，第四年春季对中心干延长枝的修剪要依据树体的实际长势进行分类修剪。对树高达到树形要求的树体，对中心干延长枝不再短截，只是疏除中心干延长枝下方的 2～3 个竞争枝，对其缓放即可；对树高超过树形要求的树体，可采取弱枝换头的修剪方法，选取延长枝下方一个较弱的、直立生长的一年生枝作延长枝，疏除原有的强旺延长枝，以控制树体长势；对树高不符合树形要求的树体，则继续对中心干延长枝进行短截处理，一般剪留 60～80 厘米，剪口处留饱满芽并涂抹愈合剂。

b. 主枝修剪。第四年对主枝的修剪分为两种情况。一是对中心干上着生的一年生主枝按第三年的修剪方法进行。二是对中心干上着生的 2～3 年生主枝修剪，基本方法是疏除主枝上的徒长枝、背上枝、过密枝、竞争枝，距主枝基部 10 厘米部位不留结果枝；修剪后主枝两侧均匀着生长、中、短枝，间距20厘米左右。

② 生长季修剪。

a. 疏除花序。第四年树体应有一定的产量，因此对二、三年生主枝上的花要适当保留。一般根据主枝长势、花量进行疏花，疏除后以每主枝留果4～7个为宜。

b. 疏梢除萌。第四年树体已基本成形，生长季应注意保持树冠内通过透光，以促进花芽分化和果实生长。生长季要注意疏梢除萌，即继续疏除中心干上剪锯口处的并生梢、中心干上同侧着生的过密梢；继续疏除中心干上距地面50厘米内的新梢；疏除二、三年生主枝上的背上旺长梢、延长头的竞争梢。

c. 拉枝开角。生长季对中心干上新萌发的新梢5月及时进行软化开角，6月进行拉枝，一直持续到秋梢停止生长，期间防止梢头上翘。

d. 摘心。生长季对中心干或主枝上萌发的粗壮新梢及时进行摘心去叶，抑制其长势，并促进其上腋芽萌发形成中短枝。

e. 转枝扭梢。生长季对主枝上萌发的直立生长新梢进行低位扭梢，对斜向上生长的新梢及时进行转枝或用开角器、铁丝进行软化拉平，防止徒长。

**（5）5年以后修剪** 5年以后，树体进入大量结果期，此期的树形管理工作主要是调整树体结构，保证树冠内、行间通风透光，维持中庸树势，延长结果年限。

① 春季修剪。3月上旬至萌芽前进行。

a. 疏枝缓放。根据树形特征及生长现状，主要考虑树体是否存在上强下弱、下强上弱或偏冠等问题，春季修剪主要疏除影响树体结构的过粗、过大主枝1～2个即可，1年内不可疏除大枝过多，否则会严重削弱树势；其次疏除主枝上的直立徒长枝、密生枝、背下衰弱枝、延长头竞争枝，使主枝两侧均匀布满小型结果枝组；对中心干延长枝、主枝延长头及主枝两侧平斜生长的中长枝进行缓放，促进形成优质中短枝。

b. 回缩更新。春季修剪时，对于枝展过大的主枝要及时进行回缩修剪，保持行内不交接过多、行间有距离，以方便农事操作和保证通风透光。一般要求行内交接＜20 厘米，行间枝头距＞150 厘米；对于结果超过 3 年以上的结果枝组，要注意及时回缩，更新衰老的结果枝组（图 5－6）。

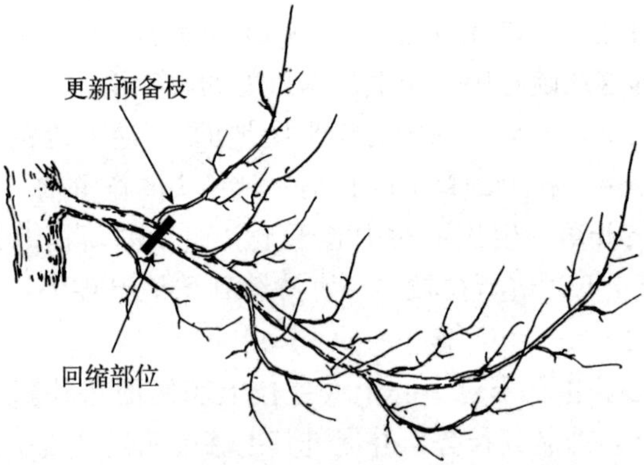


图 5－6　多年生枝回缩

（引自《苹果整形修剪图解》，马宝焜 著）

② 生长季修剪。

a. 疏梢除萌。生长季注意疏除主枝上的直立徒长梢、过密梢，以避免树冠内郁闭；同时应及时疏除剪锯口处萌发的并生新梢。

b. 转枝扭梢。生长季对主枝上萌发的直立生长新梢进行低位扭梢，对斜向上生长的新梢及时进行转枝或用开角器、铁丝进行软化拉平，防止徒长。

## （二）高长纺锤形

**1. 结构参数**　主干高 80 厘米左右，树高 3.5 米左右，冠径 150 厘米左右。中央领导干直立强健，中央领导干上直接着生

35～45 个小主枝，在中心干呈螺旋上升状均匀排列，同侧主枝上下间距 30 厘米左右；主枝开张角度 110°～120°，单轴延伸，主枝上直接着生结果枝；小主枝与中心干从属关系明显，枝干比小于 1∶5；小主枝平均长度不超过 75 厘米，在树冠上下长度基本一致，树冠狭长、树形紧凑，呈高纺锤形（图 5－7）。该树形适于株行距（0.8～1.5）米×(3～4）米的苹果矮砧密植栽培。

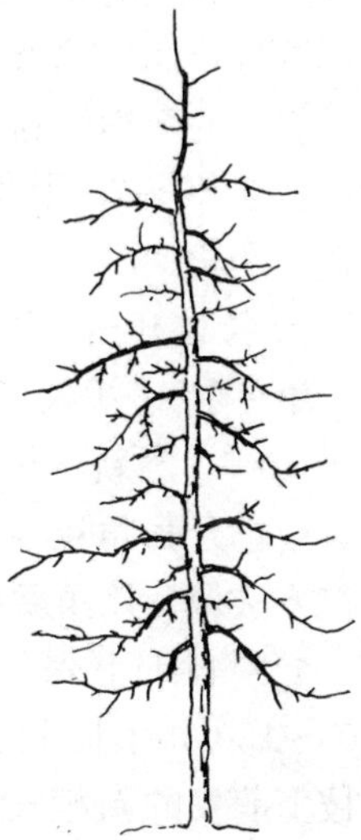

图 5－7　高纺锤形
（引自《苹果整形修剪图解》，马宝焜 著）

2. 整形过程

(1) 第一年整形修剪

① 定干。定干依据苗木质量而定。如采用带分枝的优质大苗且分枝数量多，则只需疏除基部粗度大于着生处粗度 1/3、长度大于 60 厘米的分枝即可，疏除后如侧生分枝数量≥5 个，则保留，苗木不定干；如栽植苗木带分枝数量少于 5 个，或疏除基部粗度大于着生处粗度 1/3 和长度大于 60 厘米的分枝后数量不足 5 个，则需要疏除剩余中心干上所有分枝，苗木留 150 厘米左右定干。如苗木不带分枝，且质量较差（干径小于 1.0 厘米，高度小于 120 厘米），定干高度为 80～100 厘米为宜。注意：定干剪口要平、齐，定干后剪口处应涂抹含有杀菌剂的伤口愈合剂。

② 促萌。春季萌芽前中心干整形带内需要萌发侧枝部位进行促萌处理，采用的方法主要是刻芽或涂抹发枝素，即在整形带内每隔 2～3 个芽，呈螺旋上升状刻芽或涂抹发枝素。为确保中心干发枝均匀，促萌处理后 1 周左右时间检查萌芽情况，如部分芽不萌发，则必须重新处理或在相邻芽体上进行再促萌处理。

③ 扶壮中心干延长枝。高纺锤形整形最关键的环节就是需

要保持中心干的直立强健，因此扶壮中心干延长枝，使其保持直立顶端生长优势尤为重要。在 4 月中下旬选择中心干顶端、生长直立健壮的新梢作延长枝，疏除其下 3～4 个竞争性新梢；在延长枝长至 20～25 厘米时，及时将其绑缚至直立支架上，使其保持直立生长。

④ 拉枝开角。当中心干上萌发的侧生新梢长至 15～20 厘米时，用牙签对新梢基部开张角度，使其与中心干的夹角达到 90°～100°；当新梢长至 30～40 厘米时，用开角器或其他拉枝器具将新梢开张角度至 120°，生长季应及时更换拉枝部位或采用坠枝方法保持该角度，防止梢头上翘，直至秋梢停止生长。

如中心干上保留有分枝，则在萌芽前将分枝直接拉枝到 120°～130°，生长季注意控制其延长枝角度的保持；同时对保留分枝上萌发的新梢长至 15 厘米左右时，要及时进行拉枝处理，使其保持水平或下垂生长。

⑤ 摘心。为控制中心干上萌发侧生新梢的生长，促进其上萌发二次枝，当侧生新梢长至 20 厘米左右时，需对其进行摘心处理，即摘除其生长点及生长点下 2～3 片叶片。摘心后其顶端腋芽会再次萌发延长，等再长至 20 厘米时，需再次进行摘心处理。整个生长季需摘心 2～3 次。

对保留分枝上萌发的新梢亦按上述方法进行摘心处理，生长季需摘心 1～2 次。

⑥ 疏枝除萌。春季萌芽后，应及时疏除中心干上距地面 70 厘米内的萌芽或新梢；生长季应注意及时疏除主枝基部因拉枝开角刺激萌发的新梢。疏除保留分枝上萌发的背上直立新梢或延长枝的竞争梢。

**（2）第二年整形修剪**

① 春季修剪。春季修剪一般应于 3 月上旬至萌芽前进行。

a. 中心干延长枝修剪。高纺锤形整形一般不短截中心干延长枝。如其在上一年度生长量小，延长枝长度小于 100 厘米，则在延长枝上方选留一饱满芽进行短截处理，视延长枝的长势一般剪留长度 80 厘米左右；如延长枝长度大于 100 厘米，则不短截。

b. 中心干上侧生分枝修剪。

Ⅰ. 上年未保留分枝树体的修剪：疏除侧生分枝基部粗度超过着生处粗度 1/3 的分枝和长度＞60 厘米的分枝。疏除后如中心干上剩余侧生长枝数量＜6 个，此时应疏除中心干上的全部侧生长枝，以保持中心干生长优势；如中心干上剩余侧生长枝数量≥6 个，且剩余长枝延长方向能布满树体各个方位，此时则可选留剩余长枝进行缓放，以提早结果。为了保证疏除枝基部隐芽萌发，疏除侧生分枝时应留马蹄形斜剪口，剪口处涂抹愈合剂。

Ⅱ. 上年保留分枝树体的修剪：对上一年栽植的带分枝大苗，且保留了部分分枝的树体，春季修剪时要先区分二年生主枝和一年生主枝，再进行分类修剪。对于一年生主枝，疏除基部粗度超过着生处粗度 1/3 的分枝和长度＞60 厘米的分枝；对于二年生主枝，疏除基部粗度超过着生处粗度 1/3 的分枝和长度＞75 厘米的分枝，同时疏除着生在侧生分枝上背上枝、延长头竞争枝等。疏除侧生分枝时应留马蹄形斜剪口，剪口处涂抹愈合剂。

c. 软化拉枝。春季萌芽前对上一年生长季拉枝角度不到位或枝头上翘的分枝进行软化拉枝，以保证侧生分枝开张到合理角度。

d. 促萌。为促使芽子萌发，萌芽前应在中心干延长枝和保留的侧生分枝（长度＞50 厘米）整形带内进行刻芽或涂抹发枝素。中心干延长枝在距顶端 15 厘米的整形带内，每隔 2 芽进行刻芽或涂抹发枝素；侧生分枝上只促萌枝条上的侧芽，背上芽或背下芽不处理。

② 生长季修剪。

a. 疏除花序。对上一年保留分枝的树体，可使着生在保留分枝上的二年生枝开花坐果，约 20 厘米左右距离留 1 个果，疏除多余花序。对栽植后中心干分枝全部疏除的树体，开花前疏除全部花序，促进树体尽快成形。

b. 疏枝除萌。生长季通过修剪继续保持中心干延长枝的直立生长优势。即选留中心干顶端生长直立、强旺的新梢作延长枝，疏除其下 2～3 个竞争性新梢，同时将中心干延长梢进行直立绑缚。为防止树冠内郁闭，生长季还需将中心干上剪口处萌发的并生梢、树冠内上下重叠的过密梢进行疏除。疏除中心干距地面 70 厘米内的新梢。生长季还需及时疏除二年生枝和三年生主枝上的背上直立新梢和延长头竞争枝。

c. 拉枝开角。为保持中心干延长枝的直立生长优势，控制侧生分枝长势，生长季需及时对中心干上萌发的侧生新梢进行拉枝开角，具体做法同第一年管理。对二年生以上主枝上萌发的直立新梢进行低位扭梢，对斜向上萌发的新梢进行转枝或软化拉平。

d. 摘心。生长季对中心干上萌发的侧生新梢和多年生主枝上萌发的侧生新梢均进行摘心处理。具体做法：当新梢长至 20 厘米左右时，用果枝剪摘除其生长点并剪除生长点下 2～3 片叶；摘心后的新梢再长至 20 厘米左右时进行第二次摘心，以此类推，一般整个生长季可摘心 2～3 次。

**(3) 第三年整形修剪**

① 春季修剪。3 月上旬至萌芽前进行。

a. 中心干延长枝修剪。至第三年春季修剪时，高纺锤形树体高度基本达到 3.0 米左右，尚未达到理想树形应有的高度。因此，春季修剪应继续对中心干延长枝不短截。

b. 主枝修剪。对着生在中心干上的一年生主枝的修剪方法：疏除基部粗度超过着生处粗度 1/3 的分枝和长度＞60 厘米的分枝；对于二年生以上的主枝，疏除分枝基部粗度超过着生处粗度 1/3 的分枝和长度＞75 厘米的分枝，疏除距主枝基部 10 厘米范围内的枝条，同时疏除着生在主枝上的背上旺长枝、延长头竞争枝等。

c. 促萌。继续在中心干延长枝和选留的侧生一年生枝上的整形带内进行刻芽或涂抹发枝素，促进芽子萌发。

② 生长季修剪。

a. 疏除花序。第三年树体多年生枝上可适当多留果。花果保留数量的方法：对于三年生以上主枝，每主枝可留果 2～3 个，2 年生主枝留果 1～2 个。疏除所有腋花芽花序。

b. 疏梢除萌。继续选留中心干顶端直立旺盛生长的新梢作延长枝，疏除其下 2～3 个竞争性新梢；疏除春季修剪时剪锯口处萌发的并生梢、中心干或主枝上同侧萌发的过密梢；疏除多年生主枝上萌发的背上徒长枝、延长头竞争枝。

c. 拉枝开角。生长季继续对中心干上新萌发的侧生新梢进行拉枝开角，具体方法同第一、二年管理措施。

d. 摘心。为抑制新梢旺长，促进枝量增加，生长季对中心干上新萌发的侧生新梢和二年生以上主枝上萌发的壮梢应及时摘心处理，即新梢每长至 20 厘米左右时进行摘心 1 次，摘心时一并摘除其下 2～3 片叶片，生长季摘心 2～3 次。

e. 转枝扭梢。生长季对 2 年生以上主枝上萌发的背上新梢、斜向上生长新梢要及时进行转枝、扭梢处理。具体做法：当主枝背上新梢长至 15～20 厘米时，在距新梢基部 5 厘米左右部位进行低位扭梢；当斜上生长新梢长至 15～20 厘米时，要及时用铁丝或开角器对其进行转枝或软化拉平。

**(4) 第四年整形修剪**

① 春季修剪 3 月上旬至萌芽前进行。

a. 中心干延长枝修剪。第四年时，树体高度基本达到整形要求。对树高已达到 3.6 米或尚未达到要求的树体，对中心干延长枝不短截，只是疏除中心干延长枝下方的竞争枝，对其缓放即可；对树高超过树形要求过多的树体（如 4 米以上），可采取弱枝换头的修剪方法，选取延长枝下方一个较弱的、直立生长的一年生枝作延长枝，疏除原有的强旺延长枝，使树体高度达到 3.6

米左右即可，以控制树体长势。

b. 主枝修剪。对主枝的修剪参照第三年管理措施。

② 生长季修剪。

a. 疏除花序。第四年树冠上下都应坐果。因此，多年生枝上的花应适当多留，疏除花序后，一般多年生主枝留果3～5个，二年生主枝留果2～3个。

b. 疏梢除萌。对已基本成形的树体，生长季的修剪目的主要是保持树冠内通风透光。因此，生长季应疏除剪锯口的并生梢、中心干或主枝上着生的同侧过密梢、主枝上着生的背上旺长梢和延长头的竞争性新梢等。

c. 拉枝开角。对萌发的新梢继续拉枝开角。具体方法同第三年管理措施。

d. 摘心。对中心干或主枝上萌发的新梢进行摘心处理，摘心方法参照第二年管理措施。

e. 转枝扭梢。生长季对主枝上萌发的直立生长新梢进行低位扭梢，对斜向上生长的新梢及时进行转枝或用开角器、铁丝进行软化拉平，防止徒长。

**（5）5年以后修剪**　5年以后，树体进入盛果期，此期的树形修剪工作主要是每年疏除直径超过3厘米的过粗侧生分枝2～3个，维持树体结构上下平衡；疏除过密枝或背上直立枝，保证树冠内、行间通风透光；回缩结果年限长、生长衰弱的枝条，以维持中庸树势，延长结果年限。

## （三）Y形

主干高60厘米左右，树高2.5～3米。具有2个垂直于行向、伸向行间的主枝，主枝间夹角45°～60°，每个主枝上对向错落着生15～20个小型结果枝组，同侧结果枝间距20厘米左右；结果枝开张角度90°～110°，单轴延伸；结果枝与中心干从属关系明显，枝干比小于1∶4；结果枝平均长度60厘米左右，树形紧凑，主干和两大主枝呈 Y 形（图 5－8）。该树形树冠透光均匀，果实分布合理，利于优质丰产。适于株行距（0.8～1.5）米×(5～6) 米的苹果矮砧密植栽培。

### (四) V 形

矮砧苹果宽行高密植果园，亦可采用 V 形架篱壁栽培。顺行向设立两个架，上部向行间倾斜，夹角 50°～60°，形成 V 形架面，架高 2 米左右，苹果树栽在行上，将树分别向行间拉斜，绑在 V 形架面上，每一单株按细长纺锤形或圆柱形整枝，分枝亦引缚于 V 形架面上（图 5－9）。

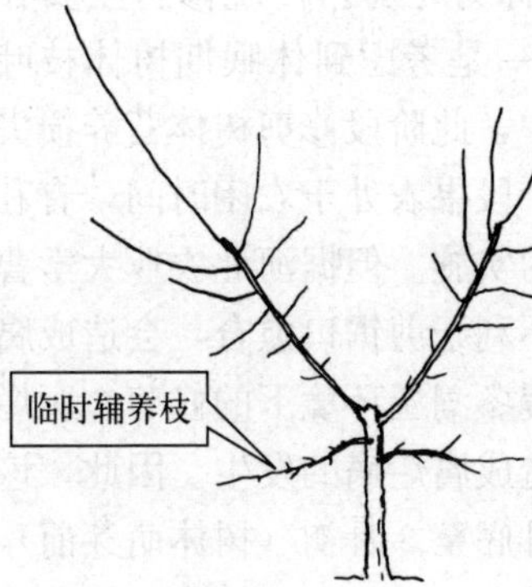


图 5－8 Y 形
（引自《苹果整形修剪图解》，马宝焜 著）

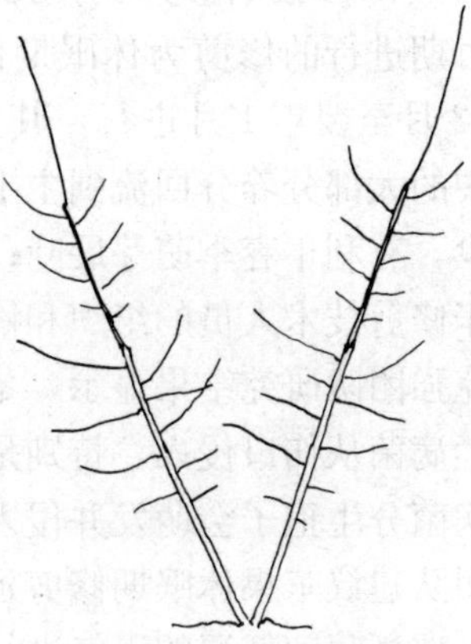

图 5－9 V 形
（引自《苹果整形修剪图解》，马宝焜 著）

## 二、修剪技术

苹果修剪是一门理论与实践密切结合的综合性管理技术，必须在充分了解品种枝芽特性、环境条件、树体长势、管理水平等基础上，依据树体整形概念，通过各种修剪方法及其相互配合，实现树体整形、结构调整，以及早果、丰产和优质栽培。苹果“三优”修剪技术是在继承传统修剪技艺的基础上，适应苹果矮砧密植发展的趋势，在修剪时期更为重视夏季修剪，修剪手法上强调前期以放疏为主、少短截，后期则合理应用回缩技术，形成了与优良砧穗组合、优良整形技术配套的修剪技术体系。

## （一）修剪时期

苹果的修剪时期根据树体的生长节奏可分为生长季修剪和休眠期修剪。生长季修剪又可分为春季、夏季和秋季修剪，而休眠期修剪即为传统意义上的冬剪。

**1. 休眠期修剪** 一般认为从冬季落叶后至春季萌芽前这段时期进行的修剪为休眠期修剪，或称为冬剪。传统修剪主要在12月至翌年1月进行，其主要原因一是考虑到休眠期树体枝叶中的大部分养分回流到主干和根系中，此阶段修剪树体营养损失少，有利于春季萌芽展叶；二是此阶段果农处于农闲时间，有利于修剪技术人员的组织和修剪工作的实施。但据河北农业大学曹克强团队研究结果显示，冬季修剪不利于剪锯口愈合，会造成腐烂病菌从伤口侵入，特别是在冬季暖冬潮湿环境下的修剪，腐烂病菌分生孢子会萌发并侵入伤口，造成腐烂病的发生。因此，该团队建议苹果休眠期修剪延迟至2月底至3月初（树体萌芽前），且选择晴朗低湿的天气进行修剪较好。

休眠期修剪的主要任务是调整树体结构、平衡树势，培养骨干枝和结果枝组，调整叶芽、花芽比例，以及改善树体光照条件等。

**2. 生长季修剪** 生长季修剪指树体萌芽后至秋季落叶前这段时期进行的修剪。苹果生长季从气象学上包括春季、夏季、秋季，因此生长季修剪又可细分为春季修剪、夏季修剪和秋季修剪。而实际修剪管理过程中，生长季修剪工作主要发生在5～8月，因此生长季修剪又称夏季修剪。

**(1) 春季修剪** 春季修剪主要在3月中下旬至4月中旬进行。春季修剪的主要工作是延迟修剪和花前复剪。

花前复剪主要是复查和补充冬剪工作的遗漏和不足，在花芽膨大期进行。其主要内容是疏除冬季不易辨认的花芽，继续调整叶芽、花芽比例，做到合理负载。另外，为促进芽体萌发，春季萌芽前进行刻芽是一项非常重要的修剪措施。

延迟修剪是在春季苹果萌芽后进行，主要工作是疏梢除萌，即疏除砧木上萌发的萌蘖和树体剪锯口萌发的并生梢等，以防止树体养分的无端损耗和后期树冠内郁闭。

**(2) 夏季修剪** 夏季修剪主要在5～8月进行。夏季修剪是实现幼树快速成形及早花早果、成龄树优质高效生产的重要调控技术措施之一。其主要工作包括保持中心干延长枝的直立生长优势，控制侧生新梢的长势，增加果园枝量，调控营养生长与生殖生长的关系，改善果园通风透光环境，提高果实品质等。夏季修剪运用的主要技术手法有疏梢、拉枝开角、摘心、扭梢、环剥、环割等。

**(3) 秋季修剪** 秋季修剪主要在9～10月进行。此期新梢基本停止生长，修剪的主要工作是疏除过密枝、背上直立枝、梢头竞争枝、徒长枝，摘除挡光叶，目的是改善树冠内光照条件，促进果实着色和花芽分化。

## (二) 修剪依据

苹果的修剪的目的是遵循树体的生长发育规律，最大限度地利用光热资源，调控苹果树体的营养生长和生殖生长，保持树体的中庸树势，实现高产与优质的有机统一。因此，在修剪中，应本着“因地、因时、因树”的原则，综合考虑影响修剪的各种因素，做到修剪有据可依。

**1. 不同品种的特性** 苹果不同品种间（如普通型与短枝型）或不同砧穗组合间（如乔砧与矮化砧），树体生长差异较大。修剪应首先了解待剪品种或砧穗组合的基本特性，如干性、萌芽率、成枝力、成花能力、生长势、修剪反应等，在充分理解相关生长特性基础上，再按整形的要求确定适宜的修剪技术方案。

**2. 栽培模式与栽植密度** 苹果栽培模式主要有乔砧栽培、矮化中间砧栽培和矮化自根砧栽培3种模式，结合不同的栽植密度，又有稀植和密植等方式。因此，修剪技术方案的确定应结合栽培模式与栽植密度进行。如矮化自根砧密植（株行距1米×3米）栽培模式下，修剪中应强化中心干直立生长优势，通过大角度拉枝和摘心措施控制侧生分枝长势。

**3. 树体长势** 同一果园中由于苗木基础不同和地力水平差异，同龄树体间生长势常常表现不一，一般树体长势表现为旺长、中庸、衰弱等。针对不同长势的树体，修剪技术应有所不同，如旺长树应以疏枝缓放为主，切忌短截、回缩过多；而对衰弱树，则可以适当重短截或重回缩，刺激树体营养生长，以萌发健壮新梢。

**4. 立地条件与管理水平** 我国苹果产区分布广泛，不同果园生态环境和立地条件差异较大，不同果园的物资投入、基础设施建设及管理技术水平也各有不同。因此，修剪中应因地制宜，针对不同管理水平的果园或树体，灵活应用修剪技术，以达到修剪技术简单易掌握、可操作性强，有利于果园通风透光以及提高果园产量和果实品质的目的，切忌生搬硬套书本理论，搞“一刀切”修剪。

## （三）修剪原则

**1. 均衡树势** 修剪既要调节果园群体结构的平衡，即保持果园内不同树体间的大小、生长势一致，保证每株树合理分布空间，充分通风透光；又要调节同一树体各级结构间的平衡，如树冠上下、内膛与外围；同时，还要调控不同器官间的平衡，使树体营养生长与生殖生长平衡。

2. **主从分明**　即树体各级结构的层次、主从关系要清晰、分明。苹果矮砧密植主要是保持中央领导干的绝对优势地位，明确其与小主枝的从属关系；而主枝延长头与结果枝之间则要保证枝条延长头的生长优势。

3. **轻剪为主**　修剪要体现操作简便、省工省力。同时，遵循树体的生长发育规律。冬剪时以疏枝、长放为主，适量回缩，避免短截。生长季修剪时，以拉枝开角、疏梢除萌为主，辅以摘心、扭梢等措施，实现修剪轻量化、简易化。

4. **促控结合**　按照整形要求，利用果树的生长规律特征，通过修剪，促进或控制新梢或其他器官的生长，以保持树体均衡生长。其实质是通过调控树体的营养分配，协调优化树体营养生长与生殖生长，实现果园的优质、丰产。

## （四）修剪方法

“三优”苹果栽培的修剪方法主要包括短截、回缩、疏剪、摘心、刻伤、扭梢、拿枝、拉枝等。了解不同修剪方法的特点及其作用，是正确运用修剪技术的前提。

1. **短截**　剪去一年生枝梢一部分的措施称为短截。根据剪去一年生枝梢长度的不同，短截又可分为轻短截（剪掉枝长的1/4左右）、中短截（剪掉枝长的1/2左右）、重短截（剪掉枝长的3/4左右）和极重短截（枝条基部留1～2个芽）。

短截反应随短截程度和剪口附近芽的质量不同而异。短截反应特点是对剪口下的芽有刺激作用，以剪口下第一芽受刺激作用最大，新梢生长势最强，离剪口越远受影响越小；短截越重，局部刺激作用越强，萌发中长梢比例增加，短梢比例减少；极重短截时，有时发1～2个旺梢，也有的只发生中、短梢。短截对母枝有削弱作用，短截越重，削弱作用越大。由于苹果以中、短枝顶花芽结果为主，应用短截数量应少、程度亦轻。“三优”苹果栽培中主要是在幼树期，对中心干延长枝进行短截，以保持中央领导干生长优势；在树势较弱情况下，对某些部位枝条进行短截处理，以刺激萌发一定数量的中、长枝；其余情况下很少用到短截处理。

2. **长放** 指对一年生长枝不进行任何短截处理，又称甩放、缓放，长放是“三优”苹果常用的修剪手法之一。生产中因枝条长势不同，其长放效果亦不同。如中庸枝、斜生枝和水平枝长放，由于母枝生长势缓和、留芽数量多，易发生较多中短枝，生长后期积累较多养分，能促进花芽形成和结果。而对背上强壮直立枝进行长放，因其顶端优势和直立生长优势强，所以母枝增粗快，易发生“树上长树”现象。因此，对背上强旺枝不宜长放，如要长放，必须配合曲枝、拉枝、拿枝软化等措施控制生长势。苹果“三优”栽培中主要是对幼树期的侧生分枝和成龄树的主枝延长头、结果枝延长头进行缓放。

3. **缩剪** 剪去多年生枝的一部分，称为缩剪，或回缩。缩剪由于去掉了部分枝量，使留下的枝能得到较多的营养与水分供应，因而对母枝具有一定的复壮作用。因此，缩剪常用于结果枝组的更新复壮、弱枝复壮等方面。但如果缩剪部位不合适，剪口下留弱枝，或回缩过重，则会削弱母枝长势，抑制生长。生产中还可以通过缩剪改变主枝的原生长方向，减少分枝量，改善通风透光条件。苹果“三优”栽培中主要是对枝龄过大的结果枝和中下部挡光、影响农事操作的过长枝进行回缩处理。

4. **疏剪** 指将一年生枝或多年生枝从基部疏除的修剪，又称疏枝。枝条疏剪后可使树冠内光照增强，尤其是短波光照增强明显，利于组织分化而不利于枝条伸长，因此为减少分枝和促进花芽分化应多用疏剪手法。疏枝后减少了母枝上的枝量，对母枝的生长具有一定的削弱作用。疏剪常用于调节骨干枝之间的均衡，强的多疏，弱的少疏或不疏。但如疏除的为结果枝或无效枝，反而可以加强整体和母枝的势力。苹果“三优”栽培中疏除的对象主要为梢头竞争枝、背上直立徒长枝、同侧重叠枝、剪锯口并生枝以及着生在主干上的过低、过密枝等。

5. **拉枝** 人为改变枝条生长方向和角度的一种管理措施。把直立生长或斜向上生长的枝条拉平或拉下垂，能削弱枝条的顶端优势，提高萌芽率，防止基部光秃；同时有利缓和长势，促进花芽形成和结果。同时通过拉枝可以改变枝条的生长方向，合理枝条空间分布，改善冠内通风透光条件。苹果“三优”栽培中拉枝的对象主要为着生在中心干上的侧生分枝和着生在主枝上的直立、斜向上生长枝条。由于目前苹果矮砧密植采用的多为细长纺锤形或高纺锤形，因此建议拉枝时期应提早到6月上旬进行，拉枝角度多为大角度（110°左右）。

6. **刻伤** 刻伤又称目伤，一般指春季萌芽前，在芽子上方0.5厘米左右位置用刀或锯条横切皮层（深达木质部）的修剪方法。刻伤可促进切口下的芽萌发和新梢生长，苹果“三优”栽培中常用于幼树中心干上促进侧芽萌发长成长枝；也可用于主枝后部，以防光腿枝出现。刻芽的时间以萌芽前为宜，若想促发长枝，应在萌芽前2～3周进行；若想促发中短枝，则可在萌芽前1周至萌芽初期进行。生产中若不想让芽子萌发长成长枝，也可在芽下方0.5厘米处刻伤。

7. **摘心** 指夏季摘除新梢幼嫩梢尖的一种管理方法。摘心可削弱顶端生长，促进侧芽萌发和二次枝生长，增加分枝数。“三优”苹果栽培中，为促进苹果幼树快速成形及增加枝量，生长季可对着生在主干上的强壮侧生分枝以及着生在主枝上的强旺新梢进行摘心处理。即当新梢长至20厘米左右时，剪除其生长点，并摘除生长点下2～3片叶片，以后当新梢再长20厘米左右时，可再摘心，生长季可连续摘心2～3次。通过摘心，可提高分枝级数，促进花芽形成，有利于提早结果。幼旺树果台副梢摘心，可提高坐果率。秋季对将要停长的新梢摘心，可促进枝芽充实，有利幼树越冬。但需要注意的是弱树不要摘心，摘心去叶不宜过重，否则会造成树势衰弱。

**8. 扭梢** 指5月上中旬，当新梢基部处于半木质化状态时，将新梢基部扭转180°，使木质部和韧皮部受伤而不折断，新梢呈扭曲状态的一种新梢控制方法。扭梢可控制背上枝旺长和促进花芽形成。扭梢枝缓放可形成小型结果枝组，有利早结果，但这些枝组因扭伤会造成扭梢处膨大，且基部多直立于主枝背上，过多时不好处理，可以在扭梢技术上加以改进。即将扭梢时间提前5～7天，这时将新梢基部扭伤，向一侧压平，这样处理的枝条，秋季形成一个中庸枝，可以作为侧生分枝留下，使背上枝改造成有用的侧生枝。

**9. 拿枝** 亦称捋枝，在新梢生长期用手从基部到顶部逐步使其弯曲，伤及木质部，响而不折。在苹果春梢停长时拿枝，有利旺梢停长和减弱秋梢生长势，有利形成花芽。秋梢开始生长时拿枝，减弱秋梢生长，形成少量副梢和腋花芽。秋梢停长后拿枝，能显著提高翌年萌芽率。

## （五）不同年龄时期树的修剪

**1. 幼树期** 幼树期是指由苗木定植到第一次开花结果的一段时期。对于矮砧密植苹果来说，幼树期一般为2～3年，此期整形修剪的主要任务是作好整形工作，使树体生长健壮，安排好各级骨干枝，形成理想的树体骨架；并且达到一定的枝量，在此基础上，使树势和枝类组成符合苹果花芽分化的要求，为早期丰产奠定基础。这一时期的修剪特点是：

**（1）选留骨干枝** 使数量、分布符合所选定树形的要求。

**（2）轻剪长放多留枝** 苹果幼树生长旺盛，萌芽率、成枝力均较强，在不影响树形要求的前提下，尽量轻剪长放多留枝，以尽快增加枝量，达到早果、丰产的要求。苹果结果以中短果枝为主，因此在增加枝量的同时，要及时缓和树势，改变枝类组成，增加中短枝的比例，以便形成花芽，提早结果。

**（3）调整主枝角度，控制辅养枝** 根据树形要求，采取撑、拉、坠等方法调整主枝角度。对于辅养枝要拉平甚至下垂，以缓和枝条长势，增加短枝量。若辅养枝过大，影响主枝生长时，应控制辅养枝，通常采取减少其分枝量、加大开张角度、促花早结果等方法控制，不能有效控制的要及时疏除。

**（4）加强生长季修剪** 生长季采取拉枝、摘心、扭梢、捋梢等方法，均可缓和苹果枝条的生长势，促进花芽形成。此外，生长季及时抹除无用萌芽，随时疏除徒长直立枝，秋季对旺枝摘心等，均可改善光照条件，减少养分消耗，使留下的枝条生长发育健壮，提高越冬能力，减轻抽条的发生。

2. **初果期** 初果期是指由开始结果到进入大量结果前的一段时间，一般为2～3年。修剪的任务是继续完成整形工作，同时要注意培养结果枝组，使之逐年增产，尽快进入盛果期。修剪特点是：

**（1）继续进行整形工作** 根据整形计划，按树形要求，继续进行整形工作，直至树体成形。主要内容包括开张骨干枝的角度、竞争枝和徒长枝的处理、保持各级枝间的主从关系等。

**（2）辅养枝的利用与控制** 初果期既要整好树形，又要逐步提高产量，因此，对辅养枝既要充分利用，又要及时控制。对于枝龄较小尚未成花结果，有生长空间的辅养枝应继续长放，采取刻、剥、拉等措施，使之成花结果。对于重叠、交叉、过密的辅养枝，应采取减少其枝量、回缩、疏除等方法，使树冠内通风透光良好，但切忌在一株树上过多回缩或疏除，以免削弱树势或枝条返旺。回缩时应根据枝的强弱、空间大小、影响程度等决定回缩程度及剪口下的枝条。

**（3）培养结果枝组** 培养结果枝组是初果期树修剪的主要任务之一。由于不同品种、整形方式，对结果枝组的要求不同，培养结果枝组的方法也有差异。骨干枝较少的大冠形，骨干枝之间有较大的空间，需要安排一些大型结果枝组，对于矮砧密植应用的小冠树形，结果枝组以中小型枝组为主。枝组的类型与着生部位拥有空间有关，背上空间较少，不宜安排大型枝组，修剪时要控制枝组的大小和高度，培养成为紧凑型枝组，或将其改变方向，变成水平或下垂枝组。侧生或下垂枝组，发展空间较大，可以培养较大的枝组。枝组培养的方法，多采用先放后缩的方法，即对枝条先缓放，待成花结果后再回缩。这样培养的结果枝组，结果较早，并且多为单轴延伸的细长枝组。中、小型枝组由中庸枝缓放而成，有的由中短枝连续结果，自然形成。

**(4) 继续进行生长季修剪** 为使树体健壮生长，并尽快度过初果期，还须加强生长季修剪，如采取刻芽、拉枝、扭梢、摘心等措施缓和树势，形成大量花芽。

3. **盛果期** 盛果期是指从初果期结束，到一生中产量最高的时期。此期树体骨架已基本形成，整形任务已完成，修剪的主要任务是维持健壮的树势，调整好花芽叶芽比例，改善光照条件，培养与保持枝组势力，争取丰产、稳产、优质。

**(1) 调整树体结构，改善通风透光条件** 苹果进入盛果期后，由于枝条多，树冠大，树冠间枝条交接，树冠内膛光照不良，枝条生长弱，从而影响丰产、稳产和优质，因此必须调整树体结构，改善通风透光条件。

当树冠间已近交接或出现交接时，如果主枝延长枝生长弱，应适当回缩，使树体保持相对稳定状态，如果主枝延长枝生长壮可暂缓不剪，采取拉枝等措施，使其缓和后再回缩。总之，修剪后应使行间保持1～1.5米的作业道，株间互不影响，以便充分利用光能和便于田间操作管理。

对于初果期保留下较多的辅养枝，在盛果期应该分期、分批改造成结果枝组或疏除，使树冠保持一定的有效层间距和叶幕间距。疏除或回缩时不能操之过急，否则会削弱树势，影响产量。对于主枝上的过密枝，应适当疏除，对于下垂枝组，只要有足够的空间，不要急于回缩或疏除，对主、侧枝上背上枝组应控制其高度，过高时回缩到水平状弱枝上。总之，通过采取一系列措施，打开层间，使树冠内通风透光良好，达到枝枝见光。

盛果期达到预定树高时，中心干延长枝可以落头，以控制树高。

**（2）结果枝组更新复壮**　由于枝组年龄过大、着生部位光照不良、过于密挤、结果过多、着生在骨干枝背后、枝组本身下垂、着生母枝衰弱等原因，均可造成枝组生长势衰弱，不能分生生长枝、结果能力明显减弱，这种枝组需要更新。

枝组的更新要从全树生长势的复壮和改善枝组的光照条件着手，并根据枝组的不同情况，采取相应的修剪措施。例如，冬剪时可回缩至强壮分枝或回缩至角度较小的分枝处，并减少花芽的比例。枝组分枝较少时，可疏花果或变花枝成营养枝进行复壮。过度衰弱，回缩或短截后仍不发枝，无法更新的枝组，可基部疏除。如果疏除后有空间，可利用徒长枝培养新的结果枝组。如果疏除前附近有空间，亦可先培养新结果枝组，然后将原有衰弱结果枝组逐年去除，即以新代老。

**（3）调整好叶、花芽比**　苹果树结果过多，常导致树体衰弱，容易出现大小年现象，因此修剪时调整好叶、花芽比，使之保持在3∶1左右，并配合好疏花疏果，才能达到连年丰产、稳产。

## （六）修剪技术的综合运用

苹果修剪的方法很多，在实际应用中，根据修剪的目的，综合应用一种或几种方法。

**1. 调节枝条生长势**　通过不同修剪方法、修剪强度、留枝的数量和类型、枝的开张角度等措施，可促进或抑制某些枝梢生长。促进局部生长，增强枝条生长势的措施：中度短截，剪口留饱满芽；保持枝干直线延伸，少弯曲；保持较直立的开张角度；中度回缩，去弱留强，去平留直；疏除弱枝、过密枝，少留果枝，顶端不留果枝等。减缓枝梢生长势的措施：轻短截，少短截，剪口留不饱满芽、瘪芽，在春秋梢交界的盲节处短截，甚至长放。疏剪时，去强枝，留弱枝，去直立枝留平斜枝，多留结果枝。拉枝开角，保持枝干有较大的开张角度，甚至下垂；保持枝干弯曲生长，通过扭梢、拿枝、环割等措施损伤枝梢局部组织等。此外，还要考虑局部与整体的关系，加强某一局部的生长时，可能削弱树体其他部分的生长，减弱局部生长，可加强树体其他部分生长，如控上促下、抑前促后，控制强主枝，可以促进弱主枝生长。

2. **调节枝条角度**　枝条角度与其生长势密切相关，调节枝条角度是修剪中常用的措施。轻剪缓放，枝条生长缓和，枝条比较开张。短截不仅促进枝条加长生长，而且枝条角度较小，短截愈重，角度愈小。在短截的情况下，不同位置的分枝，其角度亦有不同，剪口下第一、二枝，角度最小，常为竞争枝，一般不作主枝。往下发生的枝，基部开张角度较好，适于选留主枝。短截时剪口的位置，对发枝角度也有影响，一般剪在向外芽的前面，即剪口留外芽，以便发出角度较好的新梢。但是枝条比较直立时，留外芽修剪，新枝仍然直立，可以在所需留枝方向上面，多留1～2个芽剪截，翌年第2～3芽能发出角度比较好的新梢，冬剪时进行回缩，即所谓“里芽外蹬”。

通过拉枝、支撑、坠枝、扭梢和曲枝等外力措施改变枝梢角度，是比较简单有效的措施，在生长季进行效果更佳，但一次不能达到满意的效果，需要重复多次。

3. **调节枝量**　在比较好的肥水条件下，修剪时尽量保留已抽生的枝梢，夏季摘心、芽上环割、刻伤、扭枝等措施，可以提高萌芽率，增加发枝数量。短截虽减少了芽数，不能直接增加枝量，但可以促发长枝，增加了新梢上的芽数，翌年缓放，可以增加更多的枝量。疏枝、疏梢则减少枝量。

4. **调节花芽量**　修剪调节花芽形成的途径主要在于调节枝梢停止生长期、改善光照和增加营养积累，花芽形成后，通过剪留结果枝和花芽来调节。幼树要在保证健壮生长和必要的枝叶量的基础上采取轻剪、长放、疏剪、拉枝、扭梢、应用生长调节剂等措施，以缓和生长势和及时停止生长，促进花芽分化。必要时也可采用环剥、环割、扭梢、摘心等措施，使所处理的枝梢在花芽分化期增加有机营养积累，促进花芽形成。郁闭果园和枝梢过密树，要通过改形、疏枝、开张角度，以改善光照，增加营养积累，促进花芽分化。

# 第六章　精细花果管理技术

果树开花、结果，获得一定的商品果产量，是进行果树商业化栽培的最终目标。因此，花果管理是整个果园生产管理的重要环节。苹果生产管理中，花果管理与产量、质量密切相关。进入结果期的苹果树，在促进花芽形成的基础上，精细花果管理技术主要是通过保花、保果，提高坐果率，确保稳产；通过疏花疏果，调整合理负载量，确保连年稳产；通过提高果实品质，确保优质、高效，实现生产优质苹果。

## 一、保花保果

### （一）落花落果原因

**1. 落花**　花朵开放后，由于没有授粉受精或授粉受精不良而自然脱落，称为落花。落花时间在花期后、子房尚未膨大时。落花的原因主要有：

**（1）花芽质量差**　表现为花芽发育不良，花粉、胚珠、柱头等花器生活力弱，不具备授粉受精条件。

**（2）营养不良**　因各种原因造成上一年植株徒长或生长势衰弱，从而使树体贮藏营养不足，导致落花。

**（3）花期气候不良**　主要是花期遇到大风、晚霜、低温、多雨、粉尘等不良气候，造成花器官受害或不能满足授粉受精要求，从而落花。

**（4）缺乏授粉植株**　因授粉树配置不当或授粉树花量小，造成授粉受精不良。

2. **落果** 在非外界因素作用下，落花后到果实成熟前的果实自然脱落现象，称为落果。落果发生时期及原因主要有：

**（1）第一次落果** 出现在花后 1～2 周，主要是由于授粉受精不充分，或者树体贮藏营养不足、幼果发育不良，子房停止生长而脱落。

**（2）第二次落果** 出现在花后 4～6 周，俗称“六月落果”，主要原因是养分供应不足。造成养分不足的原因主要有：一是树体贮藏营养少；二是花果量太多，消耗养分大；三是营养生长过旺，养分过多的供应新梢和叶片的生长；四是干旱、光照不良和低温等原因影响当年同化养分的形成。

除此之外，还有采前落果，主要与栽培品种有关。红星、津轻、陆奥等品种采前落果较重。

## （二）保花保果措施

针对落花落果的原因，可采用如下措施提高苹果坐果率。

### 1. 提高树体营养水平

**（1）加强管理** 加强上一年的后期管理，在采后施肥、灌水的同时，疏剪过密枝条、开张枝条角度，改善通风透光条件，提高树体贮藏营养水平。

**（2）花前追肥** 结合花前灌水，以氮肥为主进行追肥。一般情况下盛果期树株施尿素 1～1.5 千克，初果期树株施尿素0.5～0.75 千克。

**（3）叶面喷肥** 在开花前后喷 0.3%～0.5%尿素 2～3 次，可以增加树体内氨基酸含量，具有提高坐果率的作用。花期喷硼、盛花期喷 0.3%钼酸钠、花后喷 0.3%～0.4%磷酸二氢钾等，都能提高坐果率。

**（4）夏季修剪** 调整树形，确保果园通风透光，避免因局部郁闭的小气候造成果实脱落现象。合理利用摘心、扭梢和环剥技术，适当控制新梢生长，缓解营养生长和生殖生长的矛盾，改善果实营养条件。

2. **人工授粉** 对授粉树配置不合理的果园，在不能保障正常授粉的情况下，要进行人工授粉。

**（1）花粉采集** 选能产生大量可稔性花粉的品种，为了保证亲和力，最好用混合花粉。在授粉前2～3天，选择花瓣已松散而含苞待放或初花期的花。采花时要兼顾被采花树的产量，以采边花为主。花量大的树可多采，还可起到疏花的作用。采花的数量，可根据授粉面积、被授粉树的花量等来确定。一般75千克鲜花朵能出7.5千克鲜花药，阴干后能出1.5千克干花粉（带花药的），可满足1公顷盛果期苹果树授粉用。

**（2）花粉处理** 刚采下来的鲜花，呼吸作用旺盛，不宜堆成大堆，要在干燥通风、温暖干净的室内及时摊开。用镊子将花药拔下，捡出花丝、花瓣等杂物，均匀地摊在白纸上，随时翻动以加速散粉。温度保持在20～25℃，过高易降低花粉的生活力。经1～2昼夜，花药裂开即可散出黄色花粉，可连同花药一起稀释备用。

**（3）授粉方法** 一般常用点授法，为节省人工，也可用液体授粉和机械喷粉法。

① 点授法。为节约花粉，可用淀粉、细滑石粉作填充物。花粉质量好、发芽率大于80%时，可按花粉：淀粉或滑石粉体积比为1∶4加填充物；花粉发芽率小于30%时，不加填充物；花粉发芽率30%～80%时，可按花粉∶淀粉或滑石粉体积比1∶1加填充物。天气不好要少加或不加填充物。随用随混，混后放置过久会影响花粉的发芽率，影响授粉效果。授粉工具一般用毛笔、气门芯、纸棒、纱布团、海绵球等，以气门芯和纸棒最为经济。苹果花在开花后3天内受精能力最强，用授粉器蘸取花粉，点授于花的柱头上，蘸1次粉可点5～7朵花。每个花序点中心花和中心花紧邻的1～2朵。点授数量可根据应授粉树花量

多少而定。花少的树，每序都应点授；花多的树，可隔序点授。点授要适量，若点授过多，大量坐果，既浪费了养分又增加了疏果工作量。1天内点授以上午进行为好。早开的花朵及中心花结实率高，果个大，因此在第一批花开放时点授效果最好。

点授法虽然比较费工，但在缺少授粉树的果园、初果期果园、花期阴天或刮大风条件下，点授法是比较可靠的。

② 液体授粉。将采集的花粉混合到糖、尿素液中，用喷雾器喷花。配制比例：10千克水、0.5千克砂糖或白糖、30克尿素、15克干花粉。配法是先将糖溶于水中，制成5%的糖液，加入30克尿素，制成糖尿液，加入15克干花粉拌匀，通过2～3层纱布滤去杂质，即成“糖尿花粉液”。为了增加花粉活力，在喷花前加入10克硼酸，以手持喷雾器喷布。注意配制的“糖尿花粉液”要在2天内喷完，否则花粉发芽，影响授粉效果。一般在全树60%开花时喷布最好，喷布时要求均匀，周到。

③ 机械喷雾。用100倍左右的填充物稀释过的花粉，放在农用喷雾器或各种小型喷雾器中，重点喷花多的部位。其优点是授粉速度快，坐果较好。

### 3. 蜜蜂或壁蜂传粉

**（1）蜜蜂传粉**　苹果花是虫媒花，花期果园放蜂可明显提高坐果率，节省劳动力，降低生产成本，还可收到蜂蜜和蜂蜡，经济效益好。蜜蜂有就近采蜜的习性，一般采蜜的半径距离在200米左右。因此，蜂箱放置不能离果园太远。一般每1.5公顷左右设1个蜂组，每个蜂组4～6箱蜂为宜。

**（2）壁蜂传粉**　壁蜂是独栖的野生花蜂，与蜜蜂相比，其访花速度快、传粉效果好、成本低。放壁蜂的果园内应隔一定距离设置蜂巢，蜂巢内放置巢管。壁蜂有效活动范围40～50米，约放蜂1 500头/公顷。

**4. 高接授粉树**　在授粉树严重不足的果园，建议有计划地高接授粉树，从根本上解决授粉不良的问题。

**5. 预防灾害** 北方苹果产区花期最主要的灾害是晚霜危害，应注意气象预报，以便及时预防。根据发生时的条件与特点，霜冻分为辐射霜冻、平流霜冻和混合霜冻3种类型。辐射霜冻极点温度－2～－1℃，延续时间短，一般只是早晨几个小时，较易预防。平流霜冻是寒流直接影响，涉及范围大，延续时间长，降温剧烈，极点温度达－5～－3℃，一般防霜措施效果不大。二者同时发生为混合霜冻，危害更严重。在经常发生平流和混合霜冻的地区，应从建园的地点、树种、品种等方面入手。

**(1) 预防霜冻措施** 在经常发生辐射霜冻的地区，采取措施预防霜冻。

① 适当增加主干和树冠高度，尽量减少冷空气集聚的近地面部分的结果枝数。苹果树行间留足通风带（80～100厘米），增加通风空间可减轻危害。培养花期不同的各类型果枝（长枝、中枝、短枝、腋花枝）。

② 延迟开花。花前灌水可以延迟开花2～3天，还能提高空气湿度，为授粉受精提供一个良好环境条件，避开晚霜危害；早春进行树干涂白（涂白剂配方：10份生石灰、1份食盐、40份水），可延迟萌芽和开花3～5天；树冠喷洒萘乙酸钾盐水溶液（250～500毫升/升）可抑制芽萌动。

③ 熏烟。当气温降至2℃时，利用秸秆、野草、落叶等燃烧物燃烧放烟，也可用防霜烟雾剂（防霜烟雾剂配方：20份硝酸铵、60份锯末、10份废柴油和10份细煤粉，混合均匀后，装入容器内燃用），在上风口熏烟。

④ 喷防霜防冻剂。发生晚霜前，喷防霜灵、植物防冻液等有一定的防霜效果。还可以自制防冻液：8份琼脂、3份甘油、43份葡萄糖、44份蔗糖、2份氮磷钾等营养素。先将琼脂用少量水浸泡2小时，然后加热溶解，再将其他成分加入，混合均匀后即可使用，浓度为5 000～8 000倍液。

**(2) 冻害发生后补救措施**

① 充分利用好剩余花提高产量。在冻害发生后，会有部分开花时间晚、质量好的花避过冻害保存下来，特别是短枝的顶花芽和长枝的腋花芽受冻较轻，可通过辅助授粉充分利用。

② 树冠喷水。灾害发生后，及时对树冠喷水，可有效降低地温和树温，缓解霜冻的危害。

③ 喷营养液。花期受冻后，在花托未受害的情况下，喷布氨基酸肥、尿素或天达 2116 等可提高坐果率。

④ 加强土肥水管理。及时施用复合肥促进根系和果实生长发育，增加单果重，减轻灾害损失。

⑤ 加强病虫害综合防治。遭受晚霜冻害后，树体衰弱，抵抗力差，容易发生病虫危害，要注意加强病虫害综合防护，尽量减少病虫害造成的损失。

## 二、疏花疏果

### (一) 疏花疏果的意义

**1. 合理负载** 苹果树进入结果期后，如果形成过量花芽，翌年必然大量开花坐果，造成树体负载过量，进而造成当年形成花芽过少，导致下年结果少，产生“大小年”结果现象。通过疏花疏果，调整合理负载量，减少对养分的过度消耗，确保连年稳产。

**2. 提高品质** 通过疏花疏果，人为地剔除了小果、畸形果、病虫果，提高果实整齐度；通过疏花疏果，使留下的果实得到充足的营养，为提高果实品质打下良好基础。

### (二) 疏花疏果的时期

**1. 疏花时期** 从花序分离到初花期进行。

**2. 疏果时期** 在落花后 1～4 周进行。疏果的适宜时期大致

20天左右。过早疏果，由于果实太小，疏果技术很难掌握；过晚疏果，又起不到节省养分、促进花芽形成的作用。

## （三）负载量确定的依据

**1. 叶果比法** 疏花疏果的理论基础是叶果比，即要保持健壮树势、增大果个、克服"大小年"结果现象，1个果实应有一定的叶面积或叶片数。在良好的综合栽培条件下，实生砧苹果树，1个果实需40～60片叶（中型果的信浓红等品种，1个果实需40片叶左右；大型果的富士系、元帅系等品种，1个果实需50～60片叶）。矮化中间砧树和短枝型树，1个果实需35～45片叶。

**2. 距离法** 叶果比难以直接用于生产实践，生产上常用按花果的间隔距离进行疏花疏果，即在良好的综合管理条件下，两个花果之间保持一定的间距，相当于1个果实有其所需要的叶面积和叶片数，从而使叶果比理论能较正确地、简易快速地应用于疏花疏果的实际操作中。在良好的综合管理条件下，实生砧树间距以25厘米左右为宜，可以采取留单果为主，结合留双果为辅。矮化中间砧树间距为20～25厘米，但均宜留单果。

**3. 干周法** 能快速测定全树适宜结果量。在树干中部准确量出干周长度（厘米）代入以下公式，得出全树应留果量：$Y=0.2C^2$，式中$Y$为单株应留果数，$C$为干周长（厘米）。如1株干周为20厘米的新红星树，应留$Y=0.2\times20\times20=80$个果，实际留果时可多留出10%的果实。

**4. 枝果比法** 根据枝数与果数的比例来确定留果量。富士系、元帅系等大型果实的稳产壮树，枝果比为（4～5）∶1，嘎拉等中型果稳产壮树，枝果比为（3～4）∶1。

## （四）疏花疏果的方法

**1. 人工疏花疏果** 人工疏花疏果是目前我国苹果生产中常

用的方法。其优点是能够准确掌握疏除程度，选择性强，留果均匀，可调整果实在树冠中的分布。缺点是费时费工，对劳动力紧张及栽植面积大的果园，常常不能完成任务。目前，随着我国劳动力成本的提高及劳动力紧张的现象日益突出，化学疏花疏果越来越重要。

**（1）人工疏花** 苹果花序的中心花先开，边花由里向外逐渐地开放，先开的花比后开的花所获得的贮藏营养多，所以中心花比边花所结的果实形状好、个头和果形指数也较大。疏花时首先疏除弱花序（4 朵花以下的花序）和病虫枝上的花序，最好不留腋花芽的花序，然后按 15～25 厘米留 1 个花序（元帅系 15 厘米、富士系 25 厘米），留下果台上的叶片。

**（2）人工疏果** 苹果树以 2～4 年枝龄和粗壮果枝的结果能力强，坐果率高、果实也大，5 年以上枝龄和较细弱果枝的结果能力明显减弱。疏果时留中心果、下垂果、单果、长中果枝的果和树冠外围的果。在疏果时，应留下果梗，以免损伤果台，留下的果梗以后会枯萎脱落。疏果时要先上后下，先里后外，先疏除病虫果、畸形果、边果、直立与斜生果、短圆果，然后按距离或以产定果。

疏果是实现苹果优质高产的重要环节，是一项人为调节果树生长结果的措施。在疏果过程中必须坚持两个原则：一是坚决克服惜果轻疏观念，切实按照指标要求严格操作。有经验者可根据距离法，平均每 20～25 厘米留 1 个果；不能正确把握留果量而技术熟练的人，按照单位面积产量标准进行，正常苹果园每亩留果 1 万～2 万个，逐株逐枝分解，获取单株单枝留果量概念。二是坚持质量第一，正确安排留果位置，保证果实健康生长。实际操作中要把握：多留外围果，少留内膛果；多留中长枝果，少留短枝果；多留枝条两侧果，少留背上果和背下果；留用顶花芽果，不用腋花芽果；留用有果台副梢的果，不用或少用无果台副梢的果；留用莲座叶多的果，不用莲座叶少的果；尽可能留用中心果，不用或少用边果；选用大幼果，疏去小幼果；选用长柄果，疏去短柄果；选用端正果，疏去畸形、偏斜、受伤果。

对于管理良好、整齐度高的密植园，也可采取以产定果的方法。如株行距 1.5 米×4 米的果园定产 45 000 千克/公顷，按预留 115%～120%计算，每株留果 130～150 个，按每株 25 个主枝计算，每个主枝平均留果 5～6 个即可。

**2. 化学疏花疏果** 化学疏花疏果，就是在花期或幼果期喷布某些化学药剂，使一部分花或幼果脱落以达到疏除目的的方法。化学疏花疏果具有疏除及时、省工和经济效益高的特点，适宜树势稳定、花果量较大的果园。缺点是影响药剂疏除效果的因素很多，有时难于达到稳定的疏除效果。

**(1) 化学疏花** 通常用于疏花的化学药剂有石硫合剂、有机钙制剂、橄榄油等。国家苹果产业技术体系 2016 年提出了化学药剂疏花规范，介绍如下。

① 适宜药剂种类及浓度。

a. 石硫合剂。果农熬制的石硫合剂乳油浓度为 0.5～1 波美度，商品用 45%晶体石硫合剂浓度为 150～200 倍。

b. 有机钙制剂。适宜喷施浓度为 150～200 倍。

c. 橄榄油。适宜喷施浓度为 30～50 克/升。

② 喷布时期。盛花初期（即中心花 75%～85%开放）时喷第一遍，盛花期（即整株树 75%的花开放时）喷第二遍。寒富等腋花芽多的品种可以在盛花末期（即全树 95%以上花朵开放时）增喷 1 次。

③ 喷施方法。选用雾化性能好的喷雾器，重点对花或幼果部位均匀细致喷雾。机械喷雾喷药量每亩控制在 150～180 千克，背负式喷雾器喷药量每亩控制在 75～100 千克。

④ 适用条件。适宜在晴天或阴天的天气条件下喷施。适宜温度 20～28 ℃，花期白天温度连续低于 10 ℃或高于 30 ℃时，建议不进行化学疏花。适宜树势比较稳定、花果量较大的果园。

⑤ 注意事项。一是首次应用化学疏花疏果时，要进行小规模试验。二是品种差异。不同品种对化学疏花疏果剂的敏感程度不同，嘎拉、金帅、王林、美国 8 号等品种中心花与边花开放时期间隔较长，较低浓度容易疏除边花，浓度可以适当调低；而富士系品种中心花与边花开放时期间隔较短，应用浓度要适当调高，同时注意掌握喷施时期。三是树势差异。树势较弱时，应适当降低喷施浓度；树势旺时，可适当调高喷施浓度。四是授粉条件。没有配置专用授粉树或授粉品种的果园，不宜采用化学疏花。五是药液配制。药液要随配随用，尤其石硫合剂等钙制剂不能与任何其他农药混喷。

**（2）化学疏果**　用于疏果的化学药剂有萘乙酸、萘乙酸钠、乙烯利、西维因等。化学疏花疏果，不同苹果品种、不同药剂、不同浓度，效果差异很大，需要慎重使用。国家苹果产业技术体系 2016 年提出了化学药剂疏果规范，摘录如下。

① 适宜药剂种类及浓度。西维因：适宜浓度为 2.0～2.5 克/升。萘乙酸：适宜浓度为 10～20 毫克/升。萘乙酸钠：适宜浓度为 30～40 毫克/升。

② 适宜喷施时期。西维因在盛花后 10 天（中心果直径 0.6 厘米左右）喷第一遍，盛花后 20 天（中心果直径 0.9～1.1 厘米）喷第二遍。

萘乙酸和萘乙酸钠在盛花后 15 天（中心果直径 0.8 厘米左右）喷第一遍，盛花后 25 天喷第二遍。

喷施方法及注意事项等参见化学药剂疏花部分。

化学疏花疏果后，根据坐果情况和预期产量，进行人工定果。

**（3）化学疏花＋疏果技术**　在单独疏花效果不理想的情况下，可采用化学疏花＋化学疏果相结合的模式进行。各种化学疏花疏果制剂的喷施时期和适宜浓度与单独疏花或单独疏果时相同。

# 三、提高果实品质技术

## （一）果实品质构成要素

近年来，随着国家对“三农”的重视，高效农业得到了快速发展，消费者对果品质量的要求越来越高，食品安全也越来越受到重视，无公害食品、绿色食品、有机食品的生产，是对广大消费者食用安全的有力保障。科学的评价果实品质，在无害化的基础上，集中体现在以下 3 个方面：

**1. 外观品质** 评价指标主要包括果实大小、果形、色泽、整齐度及果面洁净度等。北京市质量技术监督局 2008 年颁布了北京市鲜苹果标准，主要指标见表 6－1、表 6－2。

**表 6－1 鲜苹果外观等级指标**

| 等级 | | 特级 | 一级 | 二级 |
| --- | --- | --- | --- | --- |
| 基本要求 | | 果实完整良好、新鲜洁净，无异味、不正常的外来水分、虫果及病害，充分发育，具有适于市场或贮存要求的成熟度 | | |
| 果形 | | 具有本品种应有的特性 | 允许果形有轻微缺点 | 果形有缺点，但仍保持本品种果实的基本特征，不得有畸形果 |
| 色泽 | | 具有本品种成熟时应有的色泽，各主要品种的具体规定参照表 6－2 | | |
| 果梗 | | 果梗完整 | 允许果梗轻微损伤 | 允许损伤，但仍有果梗 |
| 果锈 | 褐色片锈 | 不允许 | 允许不超出梗洼的轻微锈斑 | 允许轻微超出梗洼或萼洼之外锈斑 |
| | 网状浅层锈斑 | 不允许 | 允许平滑网状薄层，总面积不超过果面的 1/10 | 允许轻度粗糙的网状果锈，总面积不超过果面的 20% |

（续）

| 等级 | | 特级 | 一级 | 二级 |
| --- | --- | --- | --- | --- |
| 果面缺陷 | 刺伤（包括破皮划伤、破皮伤） | 不允许 | 不允许 | 不允许 |
| | 碰压伤 | 不允许 | 不允许 | 允许轻微碰压伤，总面积不超过 0.5 厘米$^2$，其中最大处面积不得超过 0.3 厘米$^2$，伤处不得变褐，对果肉无明显伤害 |
| | 磨伤（枝磨、叶磨） | 不允许 | 不允许 | 允许不影响果实外观的磨伤，面积不超过 1.0 厘米$^2$ |
| | 日灼 | 不允许 | 不允许 | 允许轻微发黄的日灼伤害，总面积不超 1.0 厘米$^2$ |
| | 药害 | 不允许 | 不允许 | 允许果皮浅层伤害，面积不超过 1.0 厘米$^2$ |
| | 雹伤 | 不允许 | 不允许 | 允许果皮愈合良好的轻微雹伤，面积不超过 0.8 厘米$^2$ |
| | 裂果 | 不允许 | 不允许 | 不允许 |
| | 裂纹 | 不允许 | 允许梗洼或萼洼内有微小裂纹 | 允许有不超出梗洼或萼洼的微小裂纹 |
| | 虫伤 | 不允许 | 允许不超过 2 处 0.1 厘米$^2$ 的虫伤 | 允许干枯虫伤，总面积不超过 0.6 厘米$^2$ |
| | 其他小疵点 | 不允许 | 不允许超过 5 个 | 不允许超过 10 个 |

注 1：只有果锈为其固有特征的品种才能有果锈缺陷。

注 2：果面缺陷，一级不超过 2 项，二级不超过 3 项。

**2. 鲜食品质** 评价指标主要包括可溶性固形物含量、含酸量、硬度、脆度、香气物质含量、维生素C含量等。北京市质量技术监督局颁布的苹果标准中对可溶性固形物含量、硬度做了规定，详见表6-2。

**表6-2 苹果主要品种果实品质的等级指标**

| 品种 | 果实硬度（牛/厘米²）≥ | 特级 | | | 一级 | | | 二级 | | |
|---|---|---|---|---|---|---|---|---|---|---|
| | | 单果重（克）≥ | 可溶性固形物（%）≥ | 色泽［着色面积（厘米²）］≥ | 单果重（克）≥ | 可溶性固形物（%）≥ | 色泽［着色面积（厘米²）］≥ | 单果重（克）≥ | 可溶性固形物（%）≥ | 色泽［着色面积（厘米²）］≥ |
| 嘎拉系 | 6.5 | 175 | 13.0 | 红色80% | 150 | 13.0 | 红色70% | 125 | 12.0 | 红色55% |
| 元帅系 | 6.5 | 300 | 12.5 | 红色95% | 250 | 12.5 | 红色85% | 200 | 11.5 | 红色70% |
| 乔纳金系 | 6.5 | 300 | 14.0 | 红色80% | 250 | 14.0 | 红色70% | 200 | 13.0 | 红色55% |
| 花冠 | 6.5 | 200 | 14.0 | 鲜红90% | 175 | 14.0 | 鲜红80% | 150 | 13.0 | 鲜红65% |
| 金冠系 | 6.5 | 225 | 13.5 | 绿黄 | 200 | 13.5 | 绿黄 | 175 | 12.5 | 绿黄 |
| 王林 | 6.5 | 250 | 14.0 | 绿黄 | 225 | 14.0 | 绿黄 | 200 | 13.0 | 绿黄 |
| 富士系 | 7.0 | 325 | 14.5 | 红色95% | 275 | 14.0 | 红色80% | 225 | 13.5 | 红色65% |
| 国光 | 7.0 | 175 | 14.5 | 红色70% | 150 | 14.5 | 红色60% | 125 | 13.5 | 红色50% |

注1：本表中未涉及的品种，可参照表中同类品种执行。

注2：提早采摘出口和用于长期贮藏的金冠系品种允许淡绿色，但不允许深绿色。

**3. 贮藏加工品质** 评价指标包括耐贮性、贮藏生理病害和加工特性。

## （二）提高果实品质的农艺措施

**1. 选择适宜的砧穗组合**　品种、砧木及其砧穗组合的选择，是优质苹果生产最基本、最重要的一环。在生态条件和栽培技术体系相对一致的条件下，品种、砧木及其组合，对苹果品质的优劣具有长远、决定性的影响。

应选择适应当地立地条件、品质优良、具有市场前景的品种，具体品种详见品种介绍部分。在乔砧中，以楸子、山定子和八棱海棠作为砧木嫁接效果较好。应用矮化砧木能够显著提高苹果果实品质，据国家苹果产业技术体系研究，在陕西、山西、山东等地，矮化砧木 M9、M26、M9T337 均表现良好，在河北省中南部用 SH40 作为矮化中间砧表现良好，辽宁 GM256 表现良好。苹果矮砧密植栽培中以天红 2 号/SH40/八棱海棠砧穗组合在河北、山东，寒富/GM256/山定子组合在辽宁表现良好。

**2. 土肥水管理**　土肥水管理是苹果周年管理中的重要工作，对果实质量的影响非常明显。

**（1）耕作制度**　传统的土壤耕作制度（清耕）加速土壤养分的矿化流失，坡地果园也不利于拦蓄降雨，土壤水分变化急剧，水土流失严重，对果实发育不利。生草或覆盖，可以明显提高土壤中有机质的含量，尤其是钾的含量提高明显，可使果实含糖量、果实硬度、着色指数提高。覆盖还可减少地表土壤水分蒸发，是节水栽培的重要措施。

**（2）肥水供应**　有机肥具有改善土壤理化性状、增强树势、改善果实品质等作用，增施有机肥是提高苹果果实品质的一项重要技术措施。一般盛果期树每公顷有机肥施入量不少于 75 $米^3$，或达到斤*果斤肥或斤半肥，施用时期要求在秋季施入。

除注重施入有机肥外，还要注重平衡施肥。单纯施氮肥不但

* 斤为非法定计量单位，1 斤=500 克。——编者注。

影响花芽形成，而且导致果实品质变劣，表现为着色差、风味淡和贮藏性降低。氮肥不足时，果个变小，影响产量。目前钾肥的施用越来越受重视，施入钾肥可以显著提高果实着色和可溶性固形物含量。氮、磷、钾配比，一般要求2∶1∶2。此外，微量元素的缺乏或元素间比例失调，常造成果实缺素症状，严重影响果实品质，缺硼引起缩果病、木栓病，缺锌引起小叶病等。具体果园施肥方案应根据叶分析指标和树势而定。不同肥料施用时期也有差异，前期（春夏）施氮肥为主，中后期施磷、钾肥为主。花期前后应施硝态氮肥，有利于果实对钙的吸收，施用铵态氮肥，则易引起缺钙，易出现苦痘病、水心病等贮藏病害。

根据苹果各物候期生理特点，适时适量供水，是提高苹果果品质量的重要技术。春季干旱常造成发芽延迟、新梢短、叶片小而少，对后期果实膨大不利；花期干旱或多雨常引起落花，加重日灼病的发生；秋季长时间干旱后遇雨会造成枝条二次生长和果实裂果。灌水过量，也会引起落花落果，新梢旺长，使树冠内光照条件恶化，树体抗寒性降低，果实着色不良，风味变淡，贮藏性降低。

3. **整形修剪** 通过整形修剪，调整树体结构，营造通风透光的整体环境和个体环境，调节营养的积累和分配，协调营养生长和生殖生长的关系，维持中庸健壮树势，培养良好的结果枝，为生产优质高档果品打好基础。

4. **花果管理** 通过提高坐果率与疏花疏果，选择中心果、大果、下垂果，合理负载，选用苹果果实专用果袋套袋，再结合摘叶、转果、铺反光膜等措施，提高果实品质。

**(1) 套袋** 苹果通过套袋可以提高果面光洁度、改善外观品质、减轻病虫危害、降低农药残留、增加商品果率，还能避免枝叶摩擦，减轻雹灾和机械损伤果实，是实现果品安全生产最直接、最有效的途径和技术措施，也是当前生产优质高档和绿色苹果的重要措施之一。

① 果袋类型。选用有注册商标的育果纸袋，着色品种可选用三层双色纸袋或双层双色纸袋，黄绿色品种可选择专用单层两色纸袋。

② 套袋时间。6 月，即落花后 35～40 天。套袋过早，果实太小、果柄木质化程度不够、易损伤、果实发育缓慢、个头偏小。套袋过晚，果实太大、果面受病虫害及农药污染大、果皮粗糙，套袋效果差。晴天时自早晨露水初干后至傍晚均可套袋，但中午气温高时不宜套袋，以免发生日灼，最好中午 12 时前和下午 3 时后套袋。阴天时可全天进行套袋。

③ 选果。选果是决定套袋苹果商品率高低的主要因素之一。套袋必须做到“四套六不套”，即套果形端正的果、果顶向下的果、果面光滑且短枝有 5 片以上好叶的果、有单果台副梢或双果台副梢的果；不套偏形果和果顶向上的果、病虫果、损伤果、腋花芽果、短枝叶片小于 4 片的果、没有果台副梢的弱小枝果。

④ 喷药。在套袋前必须喷 2～3 次杀菌、杀虫剂，以保证果实免受病虫危害。杀虫剂可选用戊唑醇、吡虫啉、高氯甲维盐、灭幼脲、螺螨酯等；杀菌剂可选用甲基硫菌灵、福星、力贝佳、大生 M—45、农抗 120、果仙等，杀虫剂与杀菌剂交换使用。同时，还应喷 2～3 次钙宝或氨基酸钙、CA2000 果安宝等钙肥。一般套袋后果园全年可减少用药 2～3 次，选药以保叶为主，防治的关键时期仍需用优质、高效、低毒农药。

⑤ 套袋方法。套袋前 1 天，在室内地面上将袋口朝下堆放，使之吸潮软化，以利扎紧袋口。应严格按照套袋技术规范操作。要求：一是左手托袋，右手拨开袋口、半握拳撑鼓袋子（包括通气孔）；二是双手执在袋口下 2～3 厘米处，袋底朝上由上往下套，果梗置于纵切口基部，且幼果应悬于袋中；三是将袋口左右横向折叠，扎丝置于折叠后边；四是将叠后的袋口折向无纵切口的一侧，捏成 V 形后夹紧，以避免害虫、雨水和药水进入袋内。

操作过程中不能伤及果柄和幼果，不能将叶片和枝条套入袋内，以防造成伤害而落果。操作程序是：先冠上，后冠下；先内膛，后外围。

⑥ 套袋后管理。加强 6 月土壤追肥，以钾肥、有机肥为主的肥料和叶面喷肥，保墒和浇水；定期检查套袋果生长和病虫害情况，发现问题及时采取相应对策；重视保护叶片，选用杀虫剂、杀螨剂、杀菌剂；及时秋剪，拉捋开角缓势，疏密增光，减少营养消耗；尽量不要环切（剥），以免影响果实生长发育和品质提高。

**（2）摘袋** 摘袋是苹果套袋技术中最后一个关键环节，决定套袋能否达到预期效果。

① 摘袋时间。一般中熟红色品种宜在采收前 15～20 天，晚熟红色品种在采收前 20～25 天，不需要红果面时，可在采前7～10 天摘袋。元帅系等中熟苹果在 8 月下旬至 9 月上旬摘袋，红富士苹果宜在 9 月下旬至 10 月 5 日前摘袋。此时夜间温度低，昼夜温差大，摘袋后可迅速着色。套袋的黄、绿色品种应在采收时带袋摘，或采前 5～7 天摘袋，减轻摘袋后果皮皱缩。摘袋最好选择阴天或多云天气进行，以避免摘袋后果实发生日烧，若高温晴天摘袋，可于上午 10 时以后果面的温度与大气的温度相近或略高时摘袋，不宜在早晨或傍晚摘袋，以防止摘袋后因小环境的变化而对果实产生不利影响。

② 预防病害危害。摘袋前 1～2 天喷施 1 遍高效杀菌剂，防止病菌侵染摘袋后果实；除袋后，红色斑点病及轮纹病易侵染果实，使果面发生 1～2 毫米的红褐色病斑，降低好果率。

③ 垫果。目的是防止摘袋后枝叶对果面的磨损，可利用已除的废袋把果面靠近树枝的部位垫好，或应用涂有单面胶的软泡沫塑料，粘在靠近果面的枝条上。对易刺伤果面的枝条在摘袋前去除。

④ 摘袋方法。内袋为红色涂蜡的双层袋，应分 2 次摘袋，先摘除外袋，经过 3 个晴天后，再摘除内袋；内袋为黑色涂墨的

双层袋，由于内外袋粘连，可一次性摘除。

**(3) 摘袋后的管理** 抓好苹果果实摘袋后的管理工作，是实现苹果丰产、优质、高效的重要环节，应做好修剪、摘叶、转果、铺反光膜等方面的工作。

① 修剪。摘袋前，9月上旬（白露前后）开始进行秋季修剪，主要采用疏剪的方法，对内膛过密枝、大枝背上长条枝、徒长枝、树冠外围延长梢的杈头进行疏剪，以达到冠内通风透光，促进摘袋后果实着色。

② 摘叶。除袋后先摘除直接接触果面的贴果叶及距果实5厘米范围内的遮光叶，使60%的果获得直射光，确保着色面大且均匀。摘叶的总量控制在10%～15%，不能超过20%。摘叶忌在阳光暴晒的中午进行，以避免果实发生日烧，应选择阴天，或晴天下午3时以后。

③ 转果。用手掌托住果实轻轻转动，将阴面转向阳面，如转果后果实慢慢自动返回，使部分着色不理想，或还有少部分未着色，5～6天后再继续沿原方向转动果实，促使全面均匀着色。

④ 铺设反光膜。摘袋后及时铺设银色反光膜，方法是沿树行带状平铺于树冠下，反光膜边缘与树冠外缘投影下对齐，铺好后用砖块、木棒或小土袋压住膜缘，以免被风刮起。

**5. 喷施营养液或生长调节剂** 在盛花期喷50～100毫克/升的赤霉素（GA4+7）可使果形变长。在盛花期及花后2周内喷布细胞分裂素（BA），可使元帅系品种果形变长、果顶突出、五棱明显。

**6. 适时采收** 苹果果实品质的形成受到多种外界因素的影响。在果实接近成熟时，糖的转化、香气及果表花青素的形成发生急剧变化。过早采收，很难生产出反映该品种固有品质的果实，造成减产。采收期过晚，中早熟品种品质下降，果实易发绵变质，晚熟品种影响树体营养的积累，有时会发生早霜冻害。适期采收是保证果品优质耐贮的重要环节。

7. **病虫防治** 在生产中，病虫害的危害都会直接或间接影响到果实质量。枝干、叶片受到病虫危害，将破坏营养的运输、光合产物的形成，进而造成落花、落果或果实因营养不足而发育不良。果实受到病虫危害，将直接影响果实品质和商品价值。因此，病虫害综合防治是提高果实品质的基础。

# 第七章　土肥水管理技术

在果树生产管理中，土肥水是基础，整形修剪是调整，病虫防治是保证。因此，合理的土肥水管理非常重要，本章在广泛吸取国内外苹果土肥水管理和生产先进经验的基础上，结合“三优”苹果生长状况，比较系统地介绍了“三优”苹果土肥水管理技术，包括：果园土壤管理、果园施肥、果园水分管理等。

## 一、果园土壤管理

良好的土壤管理，可使土壤质地疏松，通气良好，土壤中微生物活跃，保证苹果树的根系在适宜的环境中发育，而发育良好的根系又是苹果树吸收水肥的基础，地上部的生长发育才有可靠的保障。因此，提高苹果园的土壤管理水平，是获得高产稳产、果实优质的前提条件。

### （一）果园土壤改良

苹果栽培适宜的土质为沙壤土或轻壤土，活土层深度应达到 60 厘米以上，地下水位深度不小于 1 米，土壤以中性或微酸性为宜，有机质含量至少要达到 1%以上。然而，我国苹果园土壤有机质含量大部分在 1%以下，土壤瘠薄，要改变这一现实问题，必须做好土壤改良工作。

**1. 深翻熟化**　深翻熟化是指通过深翻和有机肥的施入，调整土壤的矿物质、有机质、水分和空气的组成量与成分，从而提高土壤肥力。

**（1）作用**

① 可以加深活土层，提高土壤肥力，改善土壤理化性质，促进养分转化，增强微生物活动，加速土壤熟化过程，消除土壤中的不利因素。

② 促进根系分布层加深，有利于增加根的数量，扩大根系分布深度及广度。

③ 使树体健壮，新梢长，叶色绿，营养水平高，光合作用强，积累养分多，花芽分化好，坐果率高，丰产、优质。

**（2）时间** 深翻在一年四季均可进行，但最适宜的深翻时期是秋季，与秋施基肥同时进行。此时深翻，根系伤口容易愈合，且易发新根，有利于苹果树翌年的生长发育。同时，深翻后经过漫长的冬季，有利于土壤风化、蓄水保墒和根系对营养的吸收。

**（3）深度** 应根据地区特点和土壤质地而确定。黏重土壤宜深，沙质土宜浅；地下水位低宜深，地下水位高者宜浅。一般深度 60～80 厘米为宜。

**（4）方法** 新建果园应在定植前沿树行挖深 80 厘米、宽 100 厘米的营养槽，提前改良土壤。采用夏挖秋栽、秋挖春栽的方法。未改良土壤的果园常采用全国深翻及条沟深翻进行土壤改良。

① 全园深翻。除树盘下的土壤不翻外，一次性全面深翻。此法伤根太多，多用于幼龄园。

② 条沟深翻。主要用于宽行密植的果园，即在行间自树冠外缘向外逐年进行带状开沟深翻，沟宽 50 厘米，沟深 60～80 厘米。

**（5）注意事项**

① 保护好根系。人工深翻时，表土、心土分开堆放，尽量少伤根，特别是直径 1 厘米以上的粗根不可断得过多，否则会引起果树的暂时生长缓慢或停止；但 1 厘米以下的细根断伤后容易

愈合发出多量新根。挖出的根要注意保护，不可干旱、暴晒或受冻，挖断的大根要及时将伤面修平。

② 肥土混均。结合深翻施入大量圈粪、堆肥、绿肥、青草、秸秆等有机肥，一般每翻土 1 米$^3$，施入有机土杂肥 30～50 千克，此外还应混施磷酸二铵肥料或硫酸钾复合肥。有机肥料应与土壤混合均匀，不易腐烂的树枝等放在沟底。

③ 及时灌水。深翻完成后及时灌水保墒，以便于根系恢复生长发育，断根生新根。

2. **培土掺沙**　培土掺沙是指对于黏性土壤施用纤维成分含量高的作物秸秆、稻壳等有机肥，还可掺沙，以改良土壤的通透性能；对于沙性土壤采用填淤结合增施有机肥以增加土壤有机质含量和改善土壤的保水保肥能力。也可以使用一些人工合成的高分子化合物作为保水剂或促进土壤形成团粒结构，使土壤结构得到改善。

**(1) 作用**　增厚土层、保护根系、增加营养、改良土壤结构。

**(2) 方法**　把土块或粗沙均匀撒布在原土壤上，经晾晒打碎，通过耕作把所培的土或沙与原来的土壤逐步混合起来。

**(3) 时间**　北方寒冷地区一般在晚秋初冬进行，可起保温防冻、积雪保墒的作用。培土掺沙后，土壤熟化、沉实，有利苹果树的生长发育。

**(4) 培土厚度**　培土厚度要适宜，过薄起不到培土作用，过厚对苹果树生长发育不利，“沙压黏”或“黏压沙”时一定要薄一些，一般厚度为 5～10 厘米。连续多年培土，土层过厚会抑制苹果根系呼吸，从而影响苹果树生长和发育，造成根颈腐烂，树势衰弱。因此，一般在果园培土或填淤时，为了防止对根系的不良影响应露出根颈。

3. **增施有机肥**

**(1) 有机肥种类**　有机肥料是指以有机物为主的自然肥料，

多是人和动物的粪便以及动植物残体，一般分为农家肥、绿肥和腐殖酸肥三类。

① 农家肥。其是农户将人畜粪便以及其他原料加工而成的，常见的有厩肥、堆肥、沼气肥、熏土和草木灰等。收获植物及其加工残物也是一类具有较好应用价值的农家肥，其中大豆饼、棉籽饼等饼粕类养分含量比较高，特别是含氮量都在5%以上。稻草和秸秆养分较低，一般总养分含量在2%～3%。

② 绿肥。绿肥是利用其植物体的全部或部分作为肥料。常见的绿肥作物有紫云英、苜蓿、豌豆、毛叶苕子和紫穗槐等。

③ 腐殖酸类肥料。该类肥料利用泥炭、褐煤、风化煤等原料加工而成。这类肥料一般含有机质和腐殖酸，氮的含量相对比磷钾要高，能够改良土壤，培肥地力，增强作物抗旱能力以及刺激作物生长发育。

**(2) 有机肥的作用**

① 提供苹果生长所需养分。有机肥经土壤中微生物分解，可不断释放各种所需养分，同时释放大量二氧化碳，促进光合作用，提高苹果产量。

② 改良土壤，提高生产能力。有机肥转化成腐殖质，促进土壤形成团粒结构，提高土壤保肥、保水、保温性能，改良土壤。

③ 提高化肥利用率。有机肥与无机肥配合施用，缓急相济，互相补充，可显著提高化肥的肥效。

④ 提高苹果产量，改善果实品质。有机肥在分解转化过程中，改善和优化了营养条件，不仅增加苹果树对养分的吸收，增强新陈代谢，刺激生长发育，还大大提高果品的品质。

⑤ 增强微生物活性。有机肥料不仅有利于增加土壤中微生物的数量，还为土壤中微生物的活动创造良好的环境，增强微生物活性，促进微生物对有机肥料的分解转化能力。

⑥ 防止环境污染，减少疾病传播。有机废弃物既是肥源，

又是污染源。充分利用有机肥料，是变废为宝、提高环境质量的有效措施。

**(3) 有机肥的特点**

① 来源广、用量大、养分含量低。

② 养分全。含有氮、磷、钾大量元素，微量元素以及微生物等，也含丰富的有机质、腐殖质、胡敏酸、维生素、生长素、抗生素等。

③ 大部分养分呈有机态，需经微生物分解转化后才被吸收利用，又称迟效性肥料。

**(4) 有机肥的施用时期、方法、施肥量**　有机肥施用时期提倡早施，以9～10月最好。一是这时苹果主要根系分布层的土壤温度比较适宜，根系生长量大，吸收机能也比较活跃，施肥后有利于根系吸收；二是有利于提高叶片的光合效率，增加碳水化合物的积累，促进花芽形成；三是施用有机肥后有较充分的时间供根系吸收、运转，增加树体贮藏营养，安全越冬；四是此时温度高、湿度大，施肥后利于断根愈合和有机肥的腐熟。

施肥的方法、施肥量因园而异，方法包括放射状沟施肥法、条状沟施肥法、穴施法和全园施肥法等。沟（穴）施时开沟（穴）部位应距树干1米以上，深度以50厘米左右为佳。每亩通常施用农家有机肥3 000～6 000千克。

**4. 应用土壤改良剂**

土壤改良剂又称土壤调理剂。凡主要用于改良土壤的物理、化学和生物性质，使其更适宜于植物生长，而不是主要提供植物养分的物料，都称为土壤改良剂。

**(1) 土壤改良剂种类**

① 矿物类。主要有泥炭、褐煤、风化煤、石灰、石膏、蛭石、膨润土、沸石、珍珠岩和海泡石等。

② 天然和半合成水溶性高分子类。主要有秸秆类、多糖类物料、纤维素物料、木质素物料和树脂胶物质。

③ 人工合成高分子化合物。主要有聚丙烯酸类、聚乙烯醇树脂、聚乙烯醇、聚乙二醇、脲醛树脂等。

④ 有益微生物制剂类等。

**（2）土壤改良剂的作用** 土壤改良剂种类繁多，不同改良剂具有不同的作用。

① 改善土壤物理性状。土壤总孔隙度增加，土壤容重减小，田间持水量增大，土壤毛管孔隙、非毛管孔隙和通气度都增加。有机物土壤改良剂和无机物土壤改良剂，如麦糠、咖啡渣、锯屑、鸡粪复合改良剂、城市污水污泥和煤粉灰、沸石、膨润土等，施入土壤后，能够明显改变土壤团粒结构，增大土壤孔隙度，减小土壤容重，提高水分入渗速率，增加饱和导水率，保蓄水分，减少蒸发，有效提高降水利用效率。

② 改良土壤化学性状。增加土壤有机质，全氮、水解氮、有效磷、速效钾都会增加，并调节土壤酸碱度，增强土壤缓冲能力。

③ 增加土壤抗水蚀能力。高分子聚合物土壤改良剂改良土壤时，土壤水稳性团粒含量会有明显增加，土壤结构得到了改善，土壤抗水蚀能力增加，水土流失相应减少。

④ 提高土壤中离子交换率，改良盐碱地，缓冲 pH，吸附重金属。改良剂如沸石、膨润土、蛭石、斑脱土施入土壤后，可以有效改善土壤结构，增加土壤中的阳离子，土壤中原有的重金属有些被交换吸附，有些被固定，土壤中的氢离子也由于交换吸附降低了浓度。

⑤ 增加土壤微生物数量，提高酶活性。土壤中微生物对植物起着非常关键的作用，而微生物靠有机碳才能生长，因此施入有机碳土壤改良剂可以增加土壤微生物数量和活性，提高酶活性；同时，抑制真菌类、细菌、放线菌活动，使土壤疾病传播大大减少。

⑥ 提高土壤温度。用沥青乳剂作土壤改良剂可明显提高

地温。

⑦ 提高土壤肥力和作物产量。无论是有机土壤改良剂还是无机土壤改良剂，由于它们本身含有大量的微量元素和有机物质，对作物生长十分有利，同时能够降低有毒元素富集，改善果品品质。

**(3) 土壤改良剂的特点** 土壤改良剂是一种连续多孔构造的人工团粒结构体，它具有以下特点：

① 改良土壤理化性质，增加土壤通透性和保水保肥性能。

② 吸附性强，具有很强的吸附水、气能力，可作各种复合肥料、化学肥料成分的保持剂，又可作为防止化学肥料结块的分散剂。

③ 具有各种多元框架构造，阳离子交换能力强。

④ 改良土壤周期短。如施用盐碱改良液改良盐碱地迅速、经济、有效。中度盐碱地改良只需 7～15 天，重度盐碱地改良需要 20～40 天，这不仅大大缩短改良时间，节约大量灌溉水及人力物力，而且达到当年改良、当年栽植，植株生长健壮的效果。

**(4) 生产中应用的土壤调理剂** 生产中应用的土壤调理剂多为复合型制剂，某一种调理剂同时具备多种特性和作用，以改良土壤障碍因子为主要功能，同时兼顾土壤肥力和植物营养，少量添加了一些肥料或微生物制剂。按照功效特点可大致分为矿物源调理剂、土壤调酸调碱剂、疏松剂或免深耕剂三类。

① 矿物源调理剂。目前用作土壤改良调节剂的矿物源主要有石灰石、白云岩、膨润土、泥炭、泥炭蓝铁矿、蛭石、硅藻土、皂石、海泡石等。这些矿物常具有特殊的物理性质，用于改良土壤。

② 调酸、调碱剂。以碱渣为主原料生产的粉状酸性土壤调理剂，是比较有效的酸性土壤调理剂之一。碱渣是制碱厂的废弃物，主要成分为碳酸钙、硫酸钙等钙盐和氢氧化镁等，偏碱性(pH 9～12)，富含钙、镁、硒等作物生长有益元素。

③ 疏松剂或免深耕剂。通过水分激活它的有效成分而垂直作用于土壤，将被土壤吸附的氢离子游离出来，增加土壤阳离子交换量，使土壤形成更多的孔隙，改善土壤团粒结构，增强土壤的透气性和肥水渗透能力，从而达到疏松土壤的目的。

**(5) 土壤调理剂的使用注意事项**

① 根据土壤实际情况。使用土壤调理剂的目的是改善存在耕性差、盐碱、酸化、有毒物质污染、养分失衡等问题的土壤。因此，需要从土壤的实际情况出发，选择适宜果园土壤的产品，针对性的使用，才能收到良好的效果。

② 商品类的复合型土壤调理剂稍含一些养料，但并不能直接作为肥料使用，甚至是代替肥料。

③ 避免过度使用。土壤调理剂不能长期使用，应根据土壤不同的恶化情况使用不同的数量及次数。否则，会导致过度矫正而不利于果树生长。

④ 注意使用方法。以土壤疏松及免深耕调理剂为例，它需要根据不同的土质类型来掌握正确的用量（按产品使用说明书应用）。对于土块板结、黏性大、水肥分布不均、耕作层较浅的土壤，每年使用 2 次，每次 3 000 毫升/公顷，均匀喷雾于地表。以后逐年减少用量直至不施。在使用时一定要正确掌握用量，用量过低难以达到改良效果；用量过高或施用次数过多，则会造成浪费。水是土壤免耕剂的生物活性载体，如果土壤里没有充分湿润的水分，免耕剂的生物活性就不能激活。因此，使用土壤疏松剂及免深耕调理剂后要保持土壤有一定的湿度。

总之，土壤改良剂的生产技术及应用研究不断发展，若能在土壤改良剂产品成本、性能和持效性等方面加以改进和提升，土壤改良剂将具有更加广阔的应用前景。

## (二) 土壤管理制度

对于苹果园行、株间的土壤采取某种方法进行管理，并作为一种特定的方式固定下来，就形成了果园的土壤管理制度。归纳起来主要有果园生草制、覆盖制、覆盖生草制和间作制等。每种管理制度各有其优缺点，生产中应根据苹果园的品种与砧木类型、栽植密度、树龄、土壤肥力、立地条件等选用适宜的土壤管理制度或几种制度的组合。

**1. 生草法**　果园生草法就是全园或果树行间人工种草，也可以是剔除影响苹果树生长较大的恶性杂草而保留有益杂草的自然生草，主要有人工生草和自然生草两种方法。人工生草由于草种是经过人工选择的，它能控制不良杂草对果树和土壤的有害影响，是一项先进、实用、高效的土壤管理方法。该法也是目前大力推广现代化果园土壤管理的最好、最高效的方法，但果园生草后要加强管理，管理技术到位，才能发挥果园生草的综合效益。

**(1) 生草法的优点**

① 增加土壤有机质含量，提高土壤缓冲性能，改善土壤结构，增加水稳性团粒数量。

② 防止水土流失，提高土壤养分的生物有效性。

③ 土壤温度稳定，有利于根系生长和吸收，也有利于冬季积雪。

④ 增加果园土壤微生物数量及有益昆虫数量（捕食螨、步甲、草蛉、瓢虫、蜘蛛、螳螂、黄蜂等）。

⑤ 省去除草用工。

**(2) 生草法的缺点**

① 对于没有滴灌设施的果园，施肥浇水比较困难。

② 施用有机肥难度加大。

③ 给果园防火带来一定困难。

**(3) 人工种草**　人工种草选择的草种适应性要强，植株要矮小，生长速度要快，鲜草量要大，覆盖期要长，容易繁殖管理，再生能力强，且能有效地抑制杂草发生。人工草种可选用白三叶草、紫花扁豌豆、多花黑麦草、毛叶苕子和鼠茅草等。

① 白三叶草。又名白车轴草，属宿根性植物，为匍匐生长型的多年生牧草。喜阴凉、湿润的气候，适生长温度为16～25℃，利用年限为8年左右。喜光性较强，茎叶含氮量高，适合幼年果园种植。对土壤要求不高，耐贫瘠，适排水良好、富含钙质及腐殖质的黏性土壤，不耐旱；对土壤pH的适应范围为4.5～8.5。春季和秋季播种，春季在3月中下旬、气温稳定在15℃以上时即可播种。秋播8月中旬至9月中下旬，播种前将果树行间杂草及杂物清除，翻后整平，将种子撒播于地表后轻耙即可，每亩播种量为300～500克。苗期保持土壤湿润，补充少量氮肥，并及时清除杂草。生长期适当补施磷肥、钾肥，干旱时适时浇水。白三叶草更新的主要措施是刈割和翻压。白三叶草植株低矮，株高一般30厘米左右，可于株高20厘米左右时进行刈割。刈割时留茬不低于5厘米，以利再生。每年刈割2～4次，割下的草可就地覆盖。

② 毛叶苕子。别名冬苕子、毛野豌豆，豆科野豌豆属一年生或越年生草本植物。全株被长茸毛。主根长大于1米，侧根多，根上着生褐色根瘤。茎匍匐，蔓生，细长柔软，草层高40厘米。种子黑色或黑麻色，千粒重25～30克。

毛叶苕子根系发达，茎叶柔软，适口性好，可青饲、放牧和调制干草，也可加工草粉喂猪，是理想的优良牧草和复种作物。一般年刈割2～3次，产鲜草27 000～45 000千克/公顷。毛叶苕子根瘤多，固氮能力强，也是优质绿肥植物。其还适宜与禾本科牧草多年生黑麦草、燕麦、大麦等混播。

毛叶苕子喜温凉湿润气候，适合在年降水量400毫米以上、年均温10～15℃的地区种植。其耐旱、耐酸、耐盐碱，抗寒性强，在秋季－5℃的霜冻下能正常生长；但不耐高温，不耐低洼潮湿。

毛叶苕子春、秋季均可播种，播种可条播和撒播。条播，行距30～40厘米，播深2～3厘米，每亩播种量3～4千克。撒播，每亩播种量 5～6 千克。当年生产的种子发芽率较低，用温水浸种可提高发芽率。

③ 鼠茅草。鼠茅草的根系一般深达 30 厘米，最深达 60 厘米。由于其土壤中根生密集，在生长期及根系枯死腐烂后，既保持了土壤渗透性，防止了地面积水，也保持了通气性，增强果树的抗涝能力。鼠茅草地上部呈丛生的线状针叶生长，自然倒伏匍匐生长，针叶长达 60～70 厘米。鼠茅草在生长旺季，匍匐生长的针叶类似马鬃马尾，在地面编织成 20～30 厘米厚、波浪式的葱绿色“云海”，长期覆盖地面，既防止土壤水分蒸发，又避免地面太阳曝晒，增强果树的抗旱能力。

鼠茅草是一种耐严寒而不耐高温的草本植物。其 6、7 月播种因高温而不萌发，8 月播种能够发芽出土，但因高温而死亡，故国庆节前后播种比较适宜。幼苗像麦苗一样，越过寒冬，翌年 3～5 月为旺长期，6 月中下旬（小麦成熟期）连同根系一并枯死（散落的种子秋后萌芽出土），枯草厚度达 7 厘米左右，此后即进入雨季，经雨水的侵蚀和人们的踩踏，厚度逐渐分解变薄，地面形成如同编织的草毯，不易点燃，不用担心着火。秋施基肥或整刨果园翻入土中，可增加土壤有机质，激活微生物活性。

果园种植鼠茅草，能够抑制各种杂草的生长，并保持土壤通气性良好，一年内可减少 5～6 次锄草和松土的用工费用。

**(4) 自然生草** 可选用当地土生土长的杂草资源，要求矮秆、根浅，与果树无共同病虫害且有利于果树害虫天敌及微生物活动的杂草，如夏至草、马唐、狗尾草、空心莲子草和鸭跖草等。

**(5) 推广生草制注意的问题**

① 草种选择。选择适宜的草种非常重要，最好选择人工种草一次、多年不用割草的草种，如夏至草、紫花扁豌豆、鼠茅草等，省去人工割草用工和工具投入。

② 适时刈割。在草生长最旺、养分含量最高的时期刈割，

在原地腐烂或集中覆盖在树盘内，有利于改良土壤和提高土壤有机质；冬季留较高的草茬，有利于积雪。

③ 施肥浇水。在播种前应施肥并浇水以促进草种萌发生长。采用生草制的果园，应注意及时给草施肥，化肥施用量比清耕果园多1/3左右，以同时满足果树和草对肥的需要。

④ 及时清除恶性杂草。无论是人工种草还是自然生草，均需及时清除恶性杂草以保障所需草种的正常生长。

2. **覆盖法** 利用各种作物秸秆、杂草等有机物料对树盘或全园覆盖的一种方法。根据覆盖物不同，主要分为秸秆覆盖和薄膜覆盖，薄膜覆盖又分为地膜覆盖和地布覆盖。

**（1）覆盖法的优点**

① 提高土壤有机质含量，改善土壤结构，提高土壤养分的有效性。

② 减少土壤水分蒸发，防止水土流失。

③ 夏季降低土温，有利于根系生长，冬季提高土温利于保护根系。

④ 防治杂草生长。

**（2）覆盖法的缺点**

① 秸秆覆盖早春地温低，不利根系生长。

② 为隐蔽动物和昆虫提供隐藏场所。

③ 地膜覆盖夏季地温高，不利根系吸收生长。

**（3）覆盖方法** 果园覆草一般每年2次，第一次在初夏覆嫩草，秋季即可腐烂；第二次在秋末，覆枯草，第二年春季可开始腐烂。覆盖部位可以是全园，对于生草果园也可覆盖在树盘下。覆盖厚度15厘米左右即可。秸秆覆盖是把秸秆物料均匀覆盖在树行或树盘下，厚度达10厘米以上；如果覆膜或地布，把树盘土壤整成树干基部高行间底的倾斜面，然后覆膜或地布，防树干处积水。

3. **间作法** 主要应用于幼龄果园。如果果园间作的作物选择恰当，不仅可以做到以短养长、充分利用土地、增加收入，同时还有很好的改土效果，可加速土壤熟化，提高土壤肥力。

间作物宜选根系浅、茎秆矮、生长期短、耗肥量少、与苹果树无共同病虫害的作物，如豆科类作物花生、大豆、绿豆等，薯类主要有甘薯和马铃薯，药用植物如党参、沙参等，而一些高秆类作物如小麦、玉米、高粱等及藤蔓作物（如瓜类）等不适宜作间作作物。

## 二、施　肥

当前，苹果生产中普遍存在着施肥结构不合理、施肥不科学、肥料投入不足或过量、施肥比例失调等现象，严重影响着苹果树的优质高产。如何根据苹果营养特性、品种、环境条件及栽培措施，对果树进行综合分析，以确定施肥时期、施肥量、施肥方法及施肥种类，达到科学施肥、经济用肥、提高肥料利用率已成为生产管理中的重中之重，成为苹果提质增效的重要措施之一。

### （一）苹果需肥特性

**1. 树体贮藏营养非常重要**　秋季果树落叶之前叶片中的有机营养回流树体，主要以淀粉、蛋白质和脂肪的形式贮藏于根、干、枝内以备来年之用，这些贮藏起来的有机营养就是贮藏营养。贮藏营养水平的高低与前一年光合积累的多少密切相关，它的存在对果树完成正常的生命活动周期有重大意义。苹果树体内贮藏营养的多少直接影响下一年的生长、开花和结果。

苹果氮素营养研究表明，苹果树生殖器官中氮素含量增长快的时期是春季萌芽后的最初几周，也是新梢旺盛生长期，而此期的氮素供应主要来自于树体内的贮藏营养，因此芽萌发后的最初几周内苹果树营养生长的好坏主要取决于树体内贮藏氮素等营养元素的状况。秋季苹果在采收之后及时供给氮素等营养有助于促进来年的生长发育。

**2. 苹果需要均衡营养** 苹果不仅需要氮、磷、钾等大量元素，也需要铁、铜、锌等微量元素。氮、磷、钾是苹果树生长发育所必需的三种大量营养元素，钙、镁、硫属中量元素，硼、铁、锌、铜、锰、钼、氯是与生长发育关系密切的微量元素。这些元素中任何一种过多或过少都会影响苹果的正常生长发育，它们之间具有不可替代的作用。

补充各元素时一定要考虑树体对不同元素的需求特点。如生长前期对氮素的需求量最大，新梢生长、花器和幼果生长都需要大量的氮，但这时期需要的氮主要来源于树体的贮藏养分，因此增加氮素的贮藏养分非常重要。进入 6 月下旬以后氮素需求量减少。从采收到休眠前，是根系的再次生长高峰，也是氮素营养的贮藏期，对氮肥的需求量又明显回升；对磷元素的吸收，表现为生长初期迅速增加，花期达到吸收高峰，以后一直维持较高水平，直至生长后期仍无明显变化。树体对钾元素的需求表现为前低、中高、后低，即花期需求量少，后期逐渐增加，至 8 月果实膨大期达到高峰，后期又逐渐下降。钙元素在苹果幼果期达到吸收高峰，占全年 70%，因此，幼果期补充充足的钙对果实生长发育至关重要。苹果对镁的需求量随着叶片的生长而逐渐增加，并维持在较高水平。硼元素在花期需求量最大，其次是幼果期和果实膨大期，花期补硼是关键时期，可提高坐果率，增加优质果率。

**3. 砧木对养分吸收、运输有重要影响** 利用矮化砧木进行密植栽培是苹果生产发展趋势，在施肥时一定要考虑矮化砧木对养分吸收、运输的影响。Jones 以 M8、M9、M26 和 M7 作中间砧苹果树为材料，研究发现木质部汁液 N、P、K、Ca、Mg 等矿质养分含量经中间砧段上运至接穗含量减少，且减少程度与砧木矮化性呈正相关。同位素示踪研究进一步证明矮砧树体输导能力弱于乔砧。Amiri 等（2014）研究认为 M9 作砧木时，由于 M9 根系发育弱，吸收土壤中矿质元素能力差，导致接穗中矿质元素含量低。

**4. 苹果对养分需求与树龄、产量、土壤等关系密切**　不同树龄的苹果树其需肥规律不同。苹果幼树以长树扩大树冠、搭好骨架为主，需要的主要养分是氮和磷，特别是磷对植物根系的生长发育具有良好的作用。成年果树对营养的需求主要是氮和钾，特别是由于果实的采收带走了大量的氮素和钾素等许多营养元素，若不能及时补充则将严重影响苹果来年的生长及产量。

负载量不仅对叶片光合作用有影响，也对苹果根系的吸收功能具有重要影响，不同负载量的苹果树体对养分需求也有明显差异；不同土壤类型间土壤养分种类及含量差异较大，导致树体生长、结果有一定差异，因此对养分需求也有一定差异，如沙性土，有机质含量低，保肥能力差，同时也容易产生缺素症，施肥上除少量多次外，还应关注微量元素的补充。

## （二）苹果施肥

**1. 施肥时期**　施肥时期要根据果树不同的生长发育阶段、树种、品种、砧木等因素确定施肥时期。

**（1）基肥**　早熟、中熟品种可在采收后进行，晚熟品种在采收前进行（9～10 月）。以有机肥（或生物有机菌肥）为主，注意平衡施肥，配方施肥，配合施入氮磷钾及中微量元素。这时施肥可使所伤的根尽快愈合，并发出新根。对改善叶片光合功能，提高果实品质和树体营养贮存水平，增强树体抗性都具有十分重要的意义。

**（2）土壤追肥**

① 花前肥。苹果树萌芽开花要消耗大量养分，这时如果养分供应不足，就会导致花期延长，坐果率降低，因此要适量追施

速效肥料。

② 花后肥。这次追肥要在落花后立即进行，以减少生理落果，促进新梢生长，扩大叶片面积。

③ 果实膨大期和花芽分化期追肥。此时果实迅速膨大，花芽开始分化，生殖生长和营养生长矛盾尖锐。此时施肥可提高叶片的光合效能，促进养分积累，满足果实膨大和花芽分化对营养的需求。

④ 生长后期追肥。此期追施肥料不仅可以增加当年的产量，提高果实品质，增强果品的市场竞争力，还可促进花芽分化，增强树势。

**(3) 根外施肥** 主要包括枝干涂抹、枝干注射（或输液）和叶面喷施等。生产上以叶面喷施的方法最常用。

枝干涂抹适于给苹果树补充铁、锌等微量元素，主要原理是树皮可以吸收营养元素，或涂抹物经雨淋冲刷到树冠下土壤中，再经根系吸收。枝干涂抹可与冬、春季树干涂白结合一起做，方法是白灰浆中加入硫酸亚铁或硫酸锌，浓度应高于叶面喷施的浓度。

枝干注射（或输液）可快速补充树体营养，矫正缺素症。枝干注射（输液）时间在整个生长季均可进行，方法为先在树干上打钻孔，再由注射器向树干中强力注射，或应用输液袋（瓶）输液。如防治缺铁症可注射硫酸亚铁（1%～4%）和螯合铁（0.05%～0.10%），同时加入硼酸、硫酸锌。

叶面喷肥是果树施肥中的一个必不可少的辅助措施，在整个生长季节均可进行。喷施时间在阴天或晴天上午11时前及下午4时后进行，间隔期10～15天。为增加肥料的吸收率，喷洒时应自上而下以叶背面为主，并在肥液中加入害立平、有机硅等助剂，增加附着性，有利于叶片吸收。

**2. 施肥种类**

**(1) 基肥** 以有机肥为主，常用的肥料有农家肥如作物秸秆、饼肥、鸡粪等，同时加入尿素、磷酸二氢铵及各种复合肥及硼、锌、铁等微量元素肥料，以满足苹果树不同时期的生长发育需要。

**(2) 追肥**　前期以速效性氮肥为主，中期以速效氮、磷、钾肥为主，后期以磷、钾肥为主。苹果树施用氮肥时，一是忌施硝酸铵，因果树生长期间极易吸收硝态氮肥，如施用硝酸铵，果树吸收的硝酸根离子易造成积蓄性中毒。二是忌反复施用硫酸铵，在酸性土壤至微碱性土壤的果园，如果连续施用硫酸铵，会使土壤的酸性加大，容易造成土壤板结，影响根系活动，从而使果树生长不良，导致产量和品质严重下降。

**(3) 叶面肥**　适宜的肥料品种有尿素、磷酸二氢钾、硫酸钾、草木灰和微量元素中的硼砂、硫酸锌、硫酸锰、硫酸亚铁、柠檬酸铁及企业生产的各种叶面肥。

3. **施肥量**　养分平衡施肥法是国内外果树配方施肥中最基本和最重要的方法，此法是以养分归还学说为理论依据，根据果树需肥量与土壤供肥量之差来计算实现目标产量（或计划产量）的施肥量，由果树目标产量、果树需肥量、土壤供肥量、肥料利用率和肥料中有效养分含量等五大参数构成平衡法计量施肥公式，计算出应该施用肥料的数量。

$$\text{某元素的合理施肥量}=\frac{\text{目标产量}\times\text{单位产量养分吸收量}-\text{土壤供应量}}{\text{所施肥料中的养分含量}\times\text{肥料养分当季利用率}}$$

国家苹果产业技术体系岗位的有关专家针对渤海湾苹果产区（山东、辽宁、河北等）盛果期（产量水平 3 000～5 000 千克）红富士苹果，提出高效平衡施肥建议，现摘录如下，供参考。

**(1) 有机肥的施用**

① 有机肥种类及施用时期。有机肥包括有豆粕、豆饼类，生物有机肥类，羊粪、牛粪、猪粪、商品有机肥类，沼液、沼渣

类，秸秆类等。施肥最适宜的时间是 9 月中旬至 10 月中旬，即中熟品种采收后。

② 施肥量。农家肥（羊粪、牛粪等）2 000 千克（约 6 米$^3$）/亩，或优质生物肥 500 千克/亩，或饼肥 200 千克/亩，或腐殖酸 200 千克/亩。

**（2）基肥化肥的施用**

① 化肥类型和用量。

a. 采用单质化肥的类型和用量。在土壤有机质含量 10 克/千克、碱解氮 80 毫克/千克、Olsen-P 60 毫克/千克和速效钾 150 毫克/千克左右情况下，每生产 1 000 千克苹果需要施氮肥（折纯 N）3.2（2.4～4.0）千克［换算成尿素为 7.0（5.2～8.7）千克］，施磷肥（折纯 $P_2O_5$）2.4（1.8～3.0）千克［换算成 18%的过磷酸钙为 13.3（10.0～16.7）千克］，施钾肥（折纯 $K_2O$）2.6（2.1～3.3）千克［换算成硫酸钾为 4.9（3.9～6.1）千克］。在土壤碱解氮小于 55 毫克/千克、Olsen-P 小于 30 毫克/千克和速效钾小于 50 毫克/千克情况下取上述高值；而在土壤碱解氮大于 100 毫克/千克、Olsen-P 大于 90 毫克/千克和速效钾大于 200 毫克/千克或采用控释肥、水肥一体化技术等情况下取上述低值。

b. 采用复合肥的配方和用量。建议配方为 18∶13∶14（或相近高氮磷配方），每 1 000 千克产量用 18 千克左右。

c. 中微量元素肥料类型和用量。根据外观症状每亩施用硫酸锌 1～2 千克、硼砂 0.5～1.5 千克。土壤 pH 在 5.0 以下的果园，每亩施用石灰 150～200 千克或硅钙镁肥 50～100 千克等。

② 施肥时期和方法。与有机肥同时混匀施用。

**（3）3 月中旬钙肥的施用**　3 月中旬至 4 月中旬施一次钙肥，每亩施硝酸铵钙 40～60 千克，尤其是苦痘病、裂纹等缺钙严重的果园。

**（4）第一次膨果肥的施用**

① 化肥类型和用量。

a. 采用单质化肥的类型和用量。在土壤有机质含量 10 克/千克、碱解氮 80 毫克/千克、Olsen-P 60 毫克/千克和速效钾 150 毫克/千克左右情况下，每生产 1 000 千克苹果需要施氮肥（折纯 N）3.2（2.4～4.0）千克［换算成尿素为 7.0（5.2～8.7）千克］，施磷肥（折纯 $P_2O_5$）0.8（0.6～1.0）千克［换算成 18%的过磷酸钙为 4.4（3.3～5.6）千克］，施钾肥（折纯 $K_2O$）2.6（2.1～3.3）千克［换算成硫酸钾为 4.9（3.9～6.1）千克］。

b. 采用复合肥的配方和用量。建议配方为 22∶5∶18（或相近高氮中高钾配方），每 1 000 千克产量用 14.5 千克左右。

② 施肥时期和方法。在果实套袋前后即 6 月初进行。采用放射沟法或穴施。

**（5）第二次膨果肥的施用**

① 化肥类型和用量。

a. 采用单质化肥的类型和用量。在土壤有机质含量 10 克/千克、碱解氮 80 毫克/千克、Olsen-P 60 毫克/千克和速效钾 150 毫克/千克左右情况下，每生产 1 000 千克苹果需要施氮肥（折纯 N）1.6（2.4～4.0）千克［换算成尿素为 3.5（2.6～4.4）千克］，施磷肥（折纯 $P_2O_5$）0.8（0.6～1.0）千克［换算成 18%的过磷酸钙为 4.4（3.3～5.6）千克］，施钾肥（折纯 $K_2O$）3.5（2.8～4.4）千克［换算成硫酸钾为 6.5（5.2～8.2）千克］。

b. 采用复合肥的配方和用量。建议配方为 12∶6∶27（或相近中氮高钾配方），每 1 000 千克产量用 14 千克左右。

② 施肥时期和方法。在果实第二次膨大期即 7～8 月进行。采用放射沟法或穴施，最适采用少量多次法，水肥一体化技术最佳。

**（6）根外施肥**　根外施肥时期、浓度和作用见表 7－1。

表 7-1 苹果根外施肥时期、浓度

| 时期 | 种类、浓度（用量） | 作用 | 备注 |
|---|---|---|---|
| 萌芽前 | 3%尿素+0.5%硼砂 | 增加贮藏营养 | 特别上年落叶早的果园，喷 3 次，间隔 5 天左右 |
| 萌芽前 | 1%～2%硫酸锌 | 矫正小叶病 | 主要用于易缺锌的果园 |
| 萌芽后 | 0.3%～0.5%硫酸锌 | 矫正小叶病 | 出现小叶病时应用 |
| 花期 | 0.3%～0.4%硼砂 | 提高坐果率 | 可连续喷施 2 次 |
| 新梢旺长期 | 0.1%～0.2%柠檬酸铁 | 矫正缺铁黄叶病 | 可连续喷施 2～3 次 |
| 5～6 月 | 0.3%～0.4%硼砂 | 防治缩果病 | 可连续喷 2 次 |
| | 0.3%～0.4%硝酸钙 | 防治苦痘病 | 在套袋前连续喷 3～4 次 |
| 落叶前 | 1%～10%尿素+0.5%～2%硫酸锌+0.5%～2%硼砂 | 增加贮藏营养，防生理性病害 | 主要用于早期落叶、不落叶、缺锌、缺硼的果园。浓度前低后高，喷 3 次，间隔 7 天左右 |

注：表中只列出常用中微肥名称，其他螯合态中微肥效果更佳。

当然，施肥量要因树因地因肥而异，无论是基肥还是速效性肥，一般原则是：幼龄树施肥量低于成龄大树；未结果或初结果的树低于盛果期的树；肥力差的园片应多于较肥沃的园片。

4. **施肥方法** 生产中施肥方法多种多样，应根据树龄、立地条件选用科学的施肥方法。

**(1) 放射状沟施** 以树干为中心，向树冠外放射状均匀地挖 5～6 条浅沟，内浅外深，至树冠于地面投影处深 20～30 厘米，随即施入肥料并覆土。这种方法适宜成龄果园追肥。

**（2）行沟施**　在果园内顺着果树地的行向，每行开宽50厘米、深40厘米左右的长沟，把肥料施入沟内。这种方法适宜规模化果园选用，可采取机械化作业。

**（3）穴施或注入施**　穴施即在树冠周围挖若干个深30～60厘米的土穴，把肥料施入穴内。注入施肥法就是用土钻围绕树干在树盘内打洞，深50厘米左右，把调配好的肥液注入洞内。以上两种方法适宜于旱地区果园或密植果园，多液体肥为主。

**（4）全园撒施**　先把肥料撒施于果园地面，随后进行果园耕翻，把肥料翻入土层。这种方法主要用于根系已满园的成龄果园，肥料多以粗肥为主。

## （三）苹果水肥一体化

水肥一体化，又称“施肥灌溉”或“肥水灌溉”技术，这种技术是根据果树的需水需肥特点，在压力作用下将肥料溶液注入灌溉输水管道而实现，使肥料和水分准确均匀地滴入果树根区，适时、适量地供给果树，实现了水肥同步管理和高效利用的一种节水灌溉施肥技术。具有显著的节水、节肥、省工的效果。在吸收国内外肥水一体化先进经验的基础上，国家苹果产业技术体系有关专家提出了4种苹果园水肥一体化技术模式，见表7-2。

**表7-2　苹果园不同水肥一体化4种模式**

| 名称 | 重力自压式简易灌溉施肥系统 | 加压追肥枪注射施肥系统 | 小型简易动力滴灌施肥系统 | 大型自动化滴灌施肥系统 |
|---|---|---|---|---|
| 全年灌溉定额（$米^3$/亩） | 30～50以上 | 9以上 | 60～80以上 | 80～100以上 |
| 每次灌水量（$米^3$/亩） | 5～8 | 1～2 | 3～9 | 3～6 |

（续）

| 名称 | 重力自压式简易灌溉施肥系统 | 加压追肥枪注射施肥系统 | 小型简易动力滴灌施肥系统 | 大型自动化滴灌施肥系统 |
|---|---|---|---|---|
| 灌溉次数 | 5～6 | 4～6 | 15～20 | 20～25 |
| 肥料浓度 | 0.5%～1% | 2%～4% | 0.1%～0.6% | 0.1%～0.3% |
| 适宜果园（公顷） | 0.07～0.67 | 0.07～0.33 | 0.67～13.33 | 13.33～66.67以上 |
| 水源动力 | 水源缺乏干旱地区，水费贵，拉水灌溉 | 水源缺乏干旱地区，水费贵，拉水灌溉 | 井水、水库、河水等稳定水源，动力输水 | 井水、水库、河水等，稳定水源，动力输水 |

水肥一体化技术是当今世界果园施肥灌溉技术发展的方向和潮流，它不但能大幅度提高水肥利用率，减低化肥使用量，而且可以节省劳动成本，实现规模化经营。根据果园面积、水源、动力和资金投入情况，选择适宜灌溉模式。

## 三、果园灌水与排水

水分对于苹果树非常重要，保持稳定的土壤水分，是果树健壮生长、开花结果的保证。然而实际水分管理过程中还存在许多问题，如灌溉方式不合适导致水资源浪费、造成土壤板结，灌溉时期不能与苹果需水规律相协调，只注重灌水不注重保墒，雨季来临又不注重排水防涝等。为了减少苹果树干旱与内涝情况的发生，充分利用现有的水资源，做好苹果园灌溉与排水工作，是十分必要的。

### （一）果园灌水

**1. 苹果园灌水时期** 灌水时期应该根据天气状况和树体生

长状况灵活掌握。多数情况下，应该在萌芽前至开花期、新梢生长和幼果膨大期、果实迅速膨大和花芽分化期，以及采果后至休眠期灌水。不同树体类型也应区别对待，生长势强的树体要确保水分供应，而旺长树适当控水，特别是新梢旺长期控水有利于控旺促花，对于幼旺树，除萌芽前和秋季灌水外，新梢旺长期只要叶片不萎蔫，可以不灌水。总之，应根据品种、砧木类型，在不同物候期的水分需求、气候特点和土壤水分状况综合确定。

**（1）花前灌水**　春季苹果树萌芽抽梢，孕育花蕾，需水较多。此时常有春旱发生，及时灌溉，可促进春梢生长，增大叶片，提高开花势能，还能不同程度地延迟物候期，减轻春寒和晚霜的危害。一般在3月中上旬为宜。

**（2）幼果期灌水**　正值春梢旺长、幼果细胞迅速分裂期，需水量大，同时此时期温度不断上升、蒸发量大，务必保持水分供应充足，否则易导致苹果果个偏小、畸形、偏斜果等。

**（3）果实膨大期灌水**　此时气温高，叶幕厚，果实迅速膨大，水分需求量大。但多数果区，进入雨季，一般不用灌水，且需要注意排水防涝。当然具体仍需以实际情况判定。

**（4）封冻水**　在土壤封冻前浇水，能满足休眠期果树对水分的需要，同时还能防止树体抽条和冻害。这次灌水水量要大。

**2. 苹果园的灌水量**　最适宜的灌水量，应在一次灌溉中，使根系分布范围内的土壤湿度达到最有利于果树生长发育的程度，一般认为，适宜果树生长发育的土壤含水量为田间最大持水量的60%～80%。只浸润土壤表层或上层根系分布的土壤，不能达到灌溉的目的，且由于多次补充灌溉，容易引起土壤板结，土温降低。因此，必须一次灌透，深厚的土壤需一次浸润土层50～60厘米以上。另外，灌水量也要结合土壤管理方式进行，覆盖果园可适当减少灌水量。

灌水量可采用公式计算：$W=S\times H\times V\ (H-HR)$，其中：$W$ 为灌水量（吨）；$S$ 为灌水面积（米$^2$）；$H$ 为灌水深度（米），苹果一般要求 0.4～0.6 米；$V$ 为土壤容重（克/厘米$^3$），黏性土为 1.15～1.20，壤土为 1.20～1.25，沙质土为 1.30～1.35；$H$ 为田间持水量；$HR$ 为灌前土壤湿度。按照计算，北方果园在不太干旱的情况下，每亩每次灌水量在 33.3 吨左右。

3. 灌水方式

**(1) 畦灌** 几株果树 1 畦，畦越小，越节水。适于家庭承包的小果园。可用软塑料管代替支渠、毛渠，以便行走机械，克服渠埂多而影响机械作业的缺点，且省水，但软管要接在有一定压力的水龙头上，有的果园与管道喷药同用一个供水系统，也十分方便。

**(2) 沟灌** 在行间开沟，沟宽 30 厘米左右、深 20～25 厘米。隔沟交替灌溉也属沟灌的一种形式，即在树冠外缘开宽 30 厘米左右、深 20～25 厘米的沟，灌溉时沿苹果树一侧的沟灌足水，下一次灌溉时再灌另一侧。

**(3) 微灌技术** 包括滴灌、喷灌、小管出流等。

① 滴灌。是滴水灌溉的简称，在水源处把水过滤、加压，经过管道系统把水输至每株果树树冠下，由几个滴头将水一滴一滴、均匀而又缓慢地滴入土中。水源启开后所有滴头同时等量地滴水灌溉。这种供水方式，使果树根系周围土壤湿润，而果树株行间保持相对干燥。滴灌的优点：省水，是喷灌量的 1/2，是地面漫灌量的 1/3 甚至更少；不需要整地；果树生长结果好，产量高，品质优；管理省工，效率高。但滴灌需要较高的物力投入，对水质要求也严，这是目前大面积推广滴灌的限制因素。

② 喷灌。就是把水喷到空中，形成细小的水珠落到果树和地面上的一种灌溉方式。具有省工、灌溉均匀、兼可喷药等优点，但投入较大。

## （二）果园排水

果园的排水不仅影响果树当年的生长结果，还影响翌年的产量，严重时还影响果树的寿命。排水不良的果园、长时间的水涝使果树根系的呼吸作用受到抑制，迫使根系进行无氧呼吸，积累乙醇造成蛋白质凝固，引起根系生长衰弱以至死亡。土壤通气不良，妨碍微生物，特别是好气细菌的活动，从而降低土壤肥力。因此，当果园土壤含水量达到田间最大持水量时，就应开始排水。

1. **明沟排水**　明沟排水是在地表间隔一定距离顺行挖一定深、宽的沟进行排水。由小区内行间集水沟、小区间支沟和果园干沟 3 个部分组成，比降一般为 0.1%～0.3%。在地下水位高的低洼地或盐碱地可采用深沟高畦的方法，使集水沟与灌水沟的位置、方向一致。明沟排水广泛地应用于地面和地下排水。地面浅排水沟通常用来排除地面的灌溉贮水和雨水。这种排水沟排地下水的作用很小，多单纯作为退水沟或排雨水的沟，深层地下排水沟多用于排地下水并当作地面和地下排水系统的集水沟。

2. **暗管排水**　暗管排水多用于汇集和排出地下水。在特殊情况下，也可用暗管排泄雨水或过多的地面灌溉贮水。暗管排水是在果园内安设地下管道，一般由干管、支管和排水管组成。暗管埋设深度与间距，根据土壤性质、降水量与排水量而定，一般深度为地面下 0.8～1.5 米，间距 10～30 米。在透水性强的沙质土果园中，排水管可埋深些，间距大些。黏重土壤透水性较差，为了缩短地下水的渗透途径，把排水管道设浅些，间距小些。铺设的比降为 0.3%～0.6%，注意在排水干管的出口处设立保护设施，保证排水畅通。当需要汇集地下水以外的外来水时，必须采用直径较大的管子，以增加排出流量并防止泥沙造成堵塞，当汇集地表水时，管子应按半管流进行设计。采用地下管道排水的方法，不占用土地，也不影响机械耕作，但地下管道容易堵塞，成本也较高。一般果园多采用明沟除涝，暗管排除土壤过多水分，调节区域地下水位，成为全面排水的发展体系。

对已受涝害的果树，首先要排除积水，并将根颈和粗根部分的土壤扒开晾根进行抢救。然后，要及时松土散墒增加土壤的通透性，促使根系尽快恢复正常的生理活动。

# 第八章　病、虫、草害综合防治技术

病、虫、草害综合防治在苹果生产管理中具有重要的地位。苹果病、虫、草害防治工作及时到位与否，不仅影响到树体生长，还对果园产量、果实品质及树体寿命有重要影响。同时，还关系到果品安全。因此，必须掌握病、虫、草害综合防治技术，控制苹果重大病、虫、草害发生、发展、蔓延，确保果品安全健康，为苹果产业可持续发展保驾护航。本章主要介绍苹果主要病、虫、草害防治技术。

## 一、苹果病虫害综合防治基本知识

### （一）苹果病虫害综合防治的概念

果园病虫害的综合防治就是应用生态学方法，根据果园生态系特点，以苹果为中心，有机协调运用各种防治措施，充分发挥生态系中有利因素的作用，限制不利因素的发展，有效地控制病虫数量，在经济损失允许条件下，使经济损失和对环境有害的副作用降低到最低程度，达到“安全、有效、经济”的目的。

苹果病虫害防治原则要坚持“预防为主、综合防治”的植保方针和“治早、治小、治了”的植保要求。

### （二）不同树龄阶段苹果园病虫害防治对象

苹果园生态系比较稳定，病虫害在一个果园可持续危害多年，不同树龄阶段病虫危害有所差异，防治重点不一。

1. **幼树期** 一般在幼树阶段以食叶害虫为主，如金龟子、象甲、卷叶虫、梨星毛虫、舟形毛虫、美国白蛾、斜纹夜蛾等。

2. **结果期** 进入结果期后，危害果实病虫增多，主要防治食心虫、绿盲蝽、潜叶蛾、叶螨、腐烂病、轮纹病、霉心病、早期落叶病等。

3. **衰老期** 苹果盛果期后期即进入衰老期，一些危害衰弱树的病虫害严重，甚至会造成毁园，如腐烂病、根腐病、轮纹病、吉丁虫等。

我国苹果园病虫害种类很多，但是危害较大的病害有腐烂病、轮纹病、霉心病、白粉病、早期落叶病、炭疽叶枯病、（套袋苹果）黑点病、锈病、白粉病等。虫害有山楂红蜘蛛、二斑叶螨、苹小卷叶蛾、苹果黄蚜、金纹细蛾、桃小食心虫、桑天牛、舟形毛虫、吉丁虫等。

## （三）苹果病虫害综合防治的主要措施

**（1）严格植物检疫** 植物检疫就是依据国家法令，通过检疫，禁止危险性病虫随植物及农产品由国外传入或国内输出；对国内局部分布的危险性病虫，应限制在一定的范围内，限制其传播；当危险性病虫传入到一个新地区后，应采取紧急措施，就地肃清。苹果病虫的主要检疫对象有苹果绵蚜、苹果蠹蛾、美国白蛾、苹果锈果病、苹果黑星病、苹果根瘤蚜等。

**（2）加强病虫预测预报** 病虫害的预测预报是根据病虫发生的规律，结合与苹果生产有关的物候、气象、天敌等进行全面科学的分析，预测病虫害未来发展的态势，为及时防治病虫害提供最佳时期和方法，最终达到及时控制病虫危害，确保苹果生产达到安全、稳产、优质的目的。

**（3）落实农业综合防治措施** 农业防治是综合防治的基础，可以减少病虫源基数。

① 果园规划。规划果园时，园地要选择在背风、向阳、地势平坦且通风、灌排良好的地方，不要和梨、桃、杏等果树混栽或近距离栽植，以防止病虫害交叉传播；果园周围的防护林不宜种植刺槐，可以减轻蚜虫和介壳虫的发生与危害。新建果园远离桧柏、龙柏等柏科植物多的风景绿化区，可以控制锈病的发生。不能在重茬地建园。

② 土壤管理。深翻改土，增施有机肥，增强树势，增加树体抗性，结合深翻改土，深埋枯枝落叶，减轻食心虫、早期落叶病原菌越冬基数，减轻病虫害发生。

③ 疏花疏果，合理负载。结合疏花疏果摘除病果、病叶、病梢等，合理负载，根据树势，土壤肥力情况，确定适宜留果量。

④ 冬、夏季修剪。通过合理修剪，改善通风透光条件，剪除病虫枝梢、病僵果等。

⑤ 清园。刮除腐烂病病斑，刮除老翘皮，消除病虫害越冬场所，彻底清扫枯枝落叶，对减轻果园多种病虫危害有很好的效果。

**(4) 积极实施生物防治**　生物防治是指利用某些生物或生物代谢产物来防治病虫。该法优点是控制病虫危害的时间长；不污染环境，对人畜安全；越来越受到人们的广泛应用。生物防治概括起来有以虫治虫、以菌治虫、以菌治病、食虫动物治虫、生物绝育法和激素法等，生物防治病虫害将是今后果园病虫害防治方向，是生产绿色果品，特别是有机果品的主要措施，果园生物防治方法有以下几种。

① 利用寄生性昆虫，如寄生蜂。

② 利用捕食性昆虫，如草蛉、瓢虫、捕食螨。

③ 利用昆虫病原微生物，如白僵菌等。

④ 利用食虫益鸟，如啄木鸟等。

⑤ 利用抗菌素防治病害，如多种农用抗菌素。

⑥ 利用昆虫激素，如性激素、保幼激素等。

**(5) 应用物理机械防治**

① 人工捕杀。冬季刮去枝干老翘皮，可消灭红蜘蛛、卷叶虫、轮纹病等越冬体。对枝干上的介壳虫可用铁刷子刷。对吉丁虫可人工刮除幼虫，捕捉成虫。对金龟子可在傍晚人工捕捉，集中销毁。

② 诱集捕杀。利用害虫习性进行诱捕，果园经常使用灯光诱杀、食饵诱杀、潜所诱杀，深秋树干捆绑诱虫带，初春集中销毁，是一种非常经济的诱杀措施，值得大面推广、应用。

③ 阻隔保护。常用果实套袋、涂粘虫环、树干扎塑料裙、树干涂白等措施，进行阻隔保护。

**(6) 科学使用化学防治** 化学防治就是大家常说的农药防治，化学防治一定要根据绿色食品对农药种类要求进行用药。使用农药时一定要注意对症用药、适时用药、科学用药、合理混合以及轮换、安全用药。配药浓度准确，不能太小也不能太大。注意喷药技术，先树上后树下，先内膛后外围；防治果实病虫害，药剂重点喷洒在果实上；防治叶类病虫，要把药喷到叶子背面，喷布均匀，不可喷得过多流在地上，造成浪费、污染环境。对果园局部病虫害发生时，可挑治。农业部推荐用于苹果病虫防治的杀虫、杀螨剂有20种，杀菌剂有21种，限制使用的杀虫、杀螨剂有11种，禁止使用的剧毒和高残留农药有24种。

# 二、苹果主要病害防治

## (一) 枝干病害

### 1. 苹果腐烂病

**(1) 症状** 腐烂病主要危害枝干，使皮层腐烂坏死，一般表现为溃疡型和枝枯型两个类型。溃疡型病斑多发生在树干和骨干枝上，发病初期病部为圆形或椭圆形，红褐色，稍隆起，组织松软，有酒糟味，常流出黄褐色汁液。后期病部失水下陷硬化，灰褐色至黑褐色，长出黑色小点（分生孢子器），雨后小黑点上溢出金黄色的丝状或馒头状的孢子角。枝枯型多发生在2～4年生小枝上，病部扩展迅速，常呈现黄褐色与褐色交错的轮纹状斑。春季发病的枝枯型斑，病部以上枝条很快干枯，后期病部也长出许多黑色小粒点。

**（2）发病规律**　以菌丝、分生孢子器和子囊壳在病皮内和病残株枝干上越冬。翌春，分生孢子器涌出孢子角，孢子角失水飞散出分生孢子。同时，成熟的子囊孢子也大量放出。病菌随风雨传播。病菌有无伤口不侵入和潜伏侵染特性。此病的侵入途径有机械伤、病虫伤、日灼、冻害和落皮层。侵入树体的病菌经过一段潜伏期后发病。此病几乎周年发病，一年四季，只要水分条件适宜就发生发展，病斑主要出现在4～5月和9～10月两个高峰。

**（3）防治方法**

① 壮树防病。是综合防治此病的基础。要加强土肥水管理，施足有机肥，增施磷、钾肥，避免偏施氮肥；控制负载量；合理修剪，克服“大小年”；清除病源；实行病疤桥接。冬季树干涂白（轮纹终结者），防止冻害发生。

② 随见随治。是目前防治此病的有效方法。可在晚秋和早春刮治病疤呈梭形立茬，后多次涂药消毒，或用划道法治疗病疤。有效药剂有甲硫萘乙酸、9281、腐殖酸铜或菌清（木美土里菌剂包泥）。划道法是划病部成0.5厘米宽的纵道，再用药剂消毒。待药液干后再消毒1次。目前划道法治疗病疤最好药剂是9281。

③ 修剪防病。改冬剪为春剪，在阳光明媚的天气修剪；伤口保护涂抹甲硫萘乙酸愈合剂；对修剪工具进行消毒处理。

④ 药剂预防。喷施药剂，发芽前和落叶后对树干喷二氧化氯500倍液或45%代森胺水剂300倍液或树安康制剂100倍液。

**2. 苹果轮纹病** 轮纹病是苹果枝干和果实重要病害之一。常与干腐病、炭疽病等混合发生，为果品生产的重大威胁，近年有蔓延加重趋势。

**（1）症状** 枝干发病，以皮孔为中心形成暗褐色、水渍状或小溃疡斑，稍隆起呈疣状，圆形。后失水凹陷，边缘开裂翘起，扁圆形，直径达1厘米左右，青灰色。多个病斑密集，形成主干大枝树皮粗糙，故称“粗皮病”。斑上有稀疏小黑点。果实受害一般在8月，果实含糖量10%以上开始发病，初期以果点为中心出现浅褐色的圆形斑，后变褐扩大，呈深浅相间的同心轮纹状病斑，其外缘有明显的淡色水渍圈，病斑扩展引起果实腐烂。烂果有酸腐气味，有时渗出褐色黏液。轮纹病病斑呈褐色，凹陷不明显，表面病组织呈同心轮纹状，后期密生黑色小斑点（病菌分生孢子）；轮纹病病组织软腐，不苦有酒精味；轮纹病在果实近成熟期和贮藏期常发生。

**（2）发病规律** 病菌以菌丝体、分生孢子器在病组织内越冬，是初次侵染和连续侵染的主要菌源。于春季开始活动，随风雨传播到枝条上。在果实生长初期，因为有各种保护机制，病菌无法侵染。在果实膨大期之后，病菌均能侵入，其中从7月中旬到8月上旬侵染最多。侵染枝条的病菌，一般从5月开始从皮孔侵染，并逐步以皮孔为中心形成新病斑，翌年病斑继续扩大，形成病瘤，多个病瘤连成一片则变现为粗皮。在果园，树冠外围的果实及光照好的山坡地，发病早；树冠内膛果，光照不好的果园，果实发病相对较晚。气温高于20℃，相对湿度高于75%或连续降雨，雨量达10毫米以上时，有利于病菌繁殖和田间孢子大量散布及侵入，病害严重发生。山间窝风、空气湿度大、夜间易结露的果园，较坡地向阳、通风透光好的果园发病多；新建果园在病重老果园的下风向，离得越近，发病越多。果园管理差，树势衰弱，重黏壤土和红黏土，偏酸性土壤上的植株易发病，被害虫严重危害的枝干或果实发病重。

**（3）防治方法**

① 加强栽培管理，壮树防病。及时清除病死枝干和死树，在休眠期或开春刮掉病粗皮，集中烧毁，铲除越冬菌源。

② 树干涂药保护。越冬前或开春树干涂轮纹病终结者，防侵染及病菌扩散，促进健皮生长。

③ 果实套袋。落花后 45 天左右开始套袋，1 个月套完，每果 1 袋。红色品种采收前 1 周解袋即可。

④ 适时喷药。苹果谢花后开始喷药，每隔 10～15 天喷药 1 次，根据降雨情况，连续喷 5～8 次，到 9 月上旬结束。药剂交替使用，可选用 1∶（1～2）∶（200～240）波尔多液、甲基硫菌灵、苯醚甲环唑、代森锰锌、多菌灵、氟硅唑、戊唑醇、吡唑醚菌酯等药剂。

## （二）叶部病害

### 1. 苹果褐斑病

**（1）症状**　叶上初期病斑为褐色小点，后发展成 3 种类型的病斑，即同心轮纹型、针芒型和混合型。此病的症状特点是病斑不规则，边缘不清晰，周缘有绿色晕，症状由黑色小粒点或黑色菌索构成同心轮纹或针芒。同心轮纹型和混合型病斑叶背呈棕褐色。

**（2）发病规律**　以分生孢子盘和菌丝在病叶上越冬。春季分生孢子盘产生分生孢子，通过风雨飞溅侵染叶片。雨水是病害流行的主要条件。病菌潜育期 6～14 天后发病，新病部产生的分生孢子借风雨进行再侵染。

**（3）防治方法**

① 加强土肥水管理、改善光照条件、及时排涝以及彻底清除落叶深埋是防治此病的根本途径。

② 药剂防治。5 月中下旬，首次降水量达 5 毫米时，开始用药。雨后是药剂防治的关键期，可选用 68.75%杜邦易保水分散

剂 1 000 倍液、80%代森锰锌 800 倍液、35%戊唑醇 3 000 倍液、10%苯醚甲环唑微乳剂 2 000 倍液、波尔多液、苦参碱等。

**2. 苹果斑点落叶病** 该病是苹果园普遍发生的一种病害，若管理不善，大量树叶早期脱落，可造成二次开花。严重影响树势和第二年结果。

**(1) 症状** 主要危害叶片，也危害枝条和果实。发病初期，叶片上出现褐色或深褐色小斑点，周围有紫红色晕圈，边缘清晰。随气温上升病斑扩展成 5 毫米左右的斑点。天气潮湿时病斑上长出黑色霉层。幼叶被害，有时叶片呈畸形。危害严重时，被害叶干枯，提早脱落。果实被害，上生近似叶片上的斑点。枝条被害，也产生褐色微凹陷的病斑，病斑周围常产生裂纹。

**(2) 发病规律** 以菌丝体在被害叶和枝条上越冬。翌年春季产生分生孢子器，放出分生孢子。分生孢子随气流传播，侵染春梢嫩叶。一般果园在花后即可出现病叶，在后半月病叶增多。春雨早而多，夏季有连阴雨，病害发生早且重，7 月上中旬即有落叶。田间在病斑出现后 20 天即开始产生分生孢子，可再侵染。此病喜侵染 35 天内的嫩叶，尤其是 20 天内的新叶。病原菌的潜育期很短，只有数小时。8 月高温多雨，新梢叶片发病严重，造成大量落叶。9 月下旬，病害随气温下降逐步停止发展。

**(3) 防治方法**

① 秋季清扫落叶、剪病枝，集中烧毁，减少初侵染源。

② 加强栽培管理。夏季剪除徒长枝，改善果园通透性，低洼地、水位高的果园要做好排涝工作；合理施肥，增强树势，提高抗病力。

③ 化学防治重点保护春梢，压低后期菌源。特别是生长前期，从花后开始连续喷 50%扑海因可湿性粉剂 1 000 倍液，或 80%代森锰锌可湿性粉 800 倍液，或 10%多氧霉素 1 000 倍液，或 35%戊唑醇 2 500 倍液。生物盾、苦参碱、多菌灵、甲基硫菌灵、铜制剂无效。

### 3. 苹果炭疽叶枯病

**（1）症状** 由炭疽病菌引起的苹果叶枯病初期症状为黑色坏死病斑，病斑边缘模糊。在高温高湿条件下，病斑扩展迅速，1～2天内可蔓延至整张叶片，使整张叶片变黑坏死。发病叶片失水后呈焦枯状，随后脱落。当环境条件不适宜时，病斑停止扩展，在叶片上形成大小不等的枯死斑，病斑周围的健康组织随后变黄，病重叶片很快脱落。当病斑较小、较多时，病叶的症状酷似褐斑病的症状。

**（2）发病规律** 苹果炭疽病菌以菌丝体在病僵果、干枝、果台和有虫害的枝上越冬，5月条件适宜时产生分生孢子，成为初侵染源。病原孢子借雨水和昆虫传播，经皮孔或伤口侵入叶片、果实。可多次侵染，潜育期一般7天以上。分生孢子萌发最适宜温度为28～32℃；菌丝生长最适宜温度为28℃。苹果炭疽叶枯病最早于7月开始发病，发病高峰主要出现在7～8月连续阴雨期。苹果树体自7月15日开始大量落叶，并大面积暴发。

不同品种对苹果炭疽叶枯病的抗性有显著差异。经调查，苹果炭疽叶枯病主要危害嘎拉、金冠、乔纳金、中秋王等和金冠有一定亲缘关系的品种。富士、红星、美国8号、小国光等品种较抗病。

**（3）防治方法**

① 彻底清理果园，清扫残枝落叶、刮除枝干，减少侵染源。生长季喷施功能性液肥，强壮树势，提高树体抗病能力。

② 大量落叶的果园，越冬前喷施1次100倍硫酸铜液＋沃叶1 000倍液；翌年萌芽前，再喷施1次150倍硫酸铜液＋沃叶1 000倍液。

③ 生长季6月中旬左右，交替喷施波尔多液和代森类（80％全络合态代森锰锌）＋沃叶1 000倍液喷施，或者选用80％丙森锌600倍液以及咪鲜胺＋多抗霉素，炭疽福美、炭特灵等防治该类病菌药剂配合沃叶1 000倍液使用。每10～15天1次，

保证每次出现超过2天的连续阴雨前，叶面和枝条都处于药剂的保护中。

4. 苹果白粉病

**(1) 症状** 主要危害嫩枝、叶片、新梢，也危害花及幼果。病部满布白粉是此病的主要特征。幼苗被害，叶片及嫩茎上产生灰白色斑块，发病严重时叶片萎缩、卷曲、变褐、枯死，后期病部长出密集的小黑点。大树被害，芽干瘪尖瘦，春季发芽晚，节间短，病叶狭长、质硬而脆、叶缘上卷、直立不伸展，新梢满覆白粉。生长期健康叶被害则凹凸不平，叶色浓淡不匀，病叶皱缩扭曲，甚至枯死。

**(2) 发病规律** 苹果白粉病以菌丝在冬芽鳞片间或鳞片内越冬。翌年发芽时，越冬菌丝产生分生孢子，此孢子靠气流传播，直接侵入新梢。病害侵入嫩芽、嫩叶和幼果（主要在花后1个月内），5月为发病盛期，通常受害最重的是病芽抽出的新梢。生长季中病菌陆续传播侵害叶片和新梢，病梢上产生有性世代，子囊壳放出子囊孢子进行再侵染。秋季病梢上的孢子侵入秋梢嫩芽，形成二次发病高峰。10月以后很少侵染。春暖干旱的年份有利于病害前期流行。

**(3) 防治方法**

① 冬剪时要精细修剪，彻底剪除病芽，春、夏季仔细检查，发现病梢（枝）及时剪除，病梢（枝）要集中烧毁或深埋。

② 合理密植，改善通风透光条件，适当控制氮肥施用量，注意氮、磷、钾配合，增施磷、钾肥。

③ 苹果树发芽前喷3～5波美度石硫合剂，在苹果开花前和落花70%时各喷1次43%戊唑醇2 000～2 500倍液有很好防效。

5. 苹果小叶病

**(1) 症状** 病树呈点片或成行分布，春季发芽晚于健树。展叶后，顶梢叶片小、簇生，枝中下部光秃。叶片边缘上卷、脆硬，呈柳叶状。有的叶脉绿色，但脉间黄色。新梢节间短，病枝易枯死。花少而小，果小畸形。老病树几乎全是小叶，树冠空膛，产量很低。

**（2）发病原因**　苹果小叶病属于生理性病害，主要原因是树体缺锌元素所致。果园土壤贫瘠、氮磷肥偏施和重茬均造成树体锌供应不足，树体营养元素和酶系统的活动受阻，造成叶片黄化，出现小叶、簇叶现象；叶芽养分不足，生长不良，也出现小叶现象。另外，修剪过重、冻害和枝干病害等，造成树体养分运输、循环受阻，导致营养不足也易形成小叶。

**（3）防治方法**

①树上喷锌。发生小叶病的果园，在芽膨大期及时喷3%～5%硫酸锌+1%～2%尿素混合液，尿素可促进锌元素吸收。一般在早春喷石硫合剂前10天喷施，要周到仔细，特别是芽体上。喷施后当年可见效，持效期1年。

②树下施锌。春季每株大树土施1～1.5千克的50%硫酸锌粉，可根据树冠大小灵活掌握追施量。当年9月可见效，第二年表现出显著效果，施用1次效果可保持数年。

③土壤改良。对土壤贫瘠的果园除补锌肥外，还应进行土壤改良，增施有机肥，果园生草，加强水土保持。同时，还要注意合理施肥，保证锌元素的吸收。

④合理修剪。修剪不要过重，去弱留强，少造伤口。

## （三）果实病害

**1. 苹果霉心病**　苹果霉心病又名心腐病。全国各苹果产区均有发生。有些品种发病率很高，如北斗、斗南、元帅系受害严重的发病率可达80%。该病在贮藏期还能继续扩展而发病，并引起全果腐烂，不堪食用。

**（1）症状**　主要危害果实，引起果心腐烂，有的果实提早脱落。病果外观常表现正常，偶尔发黄、果形不正或着色较早，个别的重病果实较小，明显畸形，从果梗和萼洼处有腐烂痕迹。病果明显变轻。由于多数病果外观不表现明显症状，因此，不易被发现。剖开病果，可见心室坏死变褐，逐渐向外扩展腐烂。果心充满粉红色霉状物，也有的为灰绿色、黑褐色或白色霉状物，或同时出现颜色各异的霉状物。病菌突破心室壁扩展到心室外，引起果肉腐烂。苹果霉心病是由霉心和心腐两种症状构成，其中霉心症状为果心发霉，但果肉不腐烂；心腐症状不仅果心发霉，而且果肉也由里向外腐烂。在贮藏期，当果心腐烂发展严重时，果实外部可见水渍状、形状不规则的湿腐状褐色斑块，斑块彼此相连成片，最后全果腐烂。

**(2) 发病规律** 霉心病菌大多是弱寄生菌，在苹果枝干、芽体等多个部位存活，也可在树体上及土壤等处的病僵果或坏死组织上存活，病菌来源十分广泛。第二年春季开始传播侵染，病菌随着花朵开放，先在花柱上定殖，然后随果实发育通过萼筒至心室开口进入果心，引起心室霉变或果心腐烂。

**(3) 防治方法**

① 选用抗病品种。如果生产上允许，可因地制宜地种植抗病苹果品种。

② 加强栽培管理。注意果园卫生，合理修剪，改善树冠内的通风透光条件降低果园空气湿度；配方施肥，增施有机肥，提高树势；生长季节随时清除病果，秋末冬初彻底清除病果、僵果和病枯枝，集中烧毁。

③ 药剂防治。在苹果萌芽之前，结合其他病害的防治铲除树体上越冬的病菌。在开花前喷 1 次杀菌剂可选择 10%苯醚甲环唑、3%多抗霉素、80%美生等药剂。在谢花 50%时，喷 1 次 3%多抗霉素 600 倍液或 70%甲基硫菌灵 1 000 倍液。谢花 50%时喷药是有效防治苹果霉心病的关键。

2. 苹果锈果病

**(1) 症状** 主要表现在果实上，可分为花脸型、锈果型、混合型。

① 花脸型。病果着色前无明显变化，着色后呈现红绿相间状态；成熟后呈现红、黄相间的花脸型，着色部分凸起，病斑部分凹陷，果实较小，风味变劣。

② 锈果型。发病初期果实顶部产生淡绿色条斑，逐渐沿果面纵向扩展，形成5条铁锈色坏死条斑；轻病果条纹不明显；重病果在锈纹处开裂。

③ 混合型。复合上述两种类型特征。

**(2) 发病规律** 目前尚不确定造成苹果锈果病的病原物，但可以肯定的是该病为传染性病害。通过嫁接和其他方式接触传染，病树种子、花粉不能传染。嫁接接种的潜育期为3～27个月，一旦发病，逐年加重，是全株永久性病害。苹果与梨混栽或靠近梨树的苹果树发病重。带病毒接穗和苗木的调运，是扩大、传播该病危害的主要途径。

**(3) 防治方法**

① 严格选用无病接穗和砧木，从经检测不带病毒的母本树上采取接穗，繁殖无毒苗用于建园。这是最基本也是最行之有效的方法。

② 在果园、苗圃中经常检查，发现病树、病苗刨除销毁。

③ 严格检疫制度。实行产地检疫，消灭传染源，坚决杜绝生产带毒苗木；实行调运检疫，封锁疫区，严禁从疫区调运苗木和繁殖材料，切断传染途径。

④ 增强树势，提高树体抗病能力。结合施基肥、追肥，在肥料里掺入木美土里生物菌肥，盛果期树每株施10千克，连续5年，能起到减轻症状的作用。

⑤ 药物治疗。初夏时在病树主干进行半环剥，在环剥处包上蘸过浓为度0.015%～0.03%的土霉素、四环霉素或链霉素的脱脂棉，外用塑料薄膜包裹；喷雾法，用代森锌500倍液或硼砂200倍液或氯溴异氰尿酸1 000倍液，喷于果面，7月上中旬起每周1次，共喷3次。以上方法只能起到一定疗效，但不能根除。

⑥ 改接高度耐病品种，如金冠、乔纳金、信浓黄等。

3. **苹果炭疽病**

**(1) 症状** 主要危害果实，也可侵染枝干和果台。自病斑中心剖开果实，可见果肉自果面向果心变褐腐烂。病组织带有苦味。病斑边缘紫红色或黑褐色，中央凹陷，斑上有稀疏黑色小点，不呈同心轮纹状排列，其下果肉局部坏死。

**(2) 发病规律** 以菌丝在被害枝干、果台和病僵果上越冬。翌春温度适宜时，产生分生孢子。分生孢子传播主要靠雨水飞溅，也借风和昆虫传播。因病果和树上的病枯枝是初侵染源。幼果前期抗扩展，不抗侵染；而后期则相反。此病有潜伏侵染特性，故田间发病较晚。一年内有反复多次再侵染。

**(3) 防治方法**

① 增施有机肥，合理负载强壮树势为根本途径。

② 结合冬剪清除小僵果、病枯枝、死果台及衰弱枝集中深埋或烧毁。

③ 药剂防治。从落花后 10 天开始，每隔 10～15 天喷 1 次药，到 8 月中下旬结束。多雨年份可适当增加防治次数。常用的药剂同轮纹病。

4. **苹果苦痘病** 又称苦陷病，是在苹果成熟期和贮藏期常发生的一种生理病害。

**(1) 症状** 病果皮下果肉首先变褐，干缩成海绵状，逐渐在果面上出现圆形稍凹陷的变色斑，病斑在黄色或绿色品种上为暗绿色，在红色品种上为暗红色。后期病部果肉干缩，表皮坏死，显现出凹陷的褐斑。病部食之有苦味。

**(2) 发病规律** 主要是因为树体生理性缺钙引起的，修剪过重，偏施、晚施氮肥，树体过旺及肥水不良的果园发病重。果实生长期降水量大、浇水过多，都易加重病害发生，特别是套袋苹果易引起缺钙，因套袋减少了蒸腾拉力。

**(3) 防治方法** 应多施有机肥，防止偏施氮肥，注意雨季及时排水，合理灌水。果实套袋前喷施真钙 1 500 倍液或氨基酸钙 600 倍液 3～4 次。缺钙严重的果园解袋后再喷 1 次。

5. 苹果黑点病

**(1) 症状** 该病主要发生在套袋苹果果实表面上，发病初期苹果萼洼处及周围有许多针尖状小黑点，一般 15～30 个，慢慢地黑点逐渐扩大，到后期绿豆大小时黑点上带有白点。黑点病常和苦痘病同时混合发生，黑点扩展到果面，摘袋后黑点周围变为红色，容易混淆。黑点只发生在果实表面，不会深入果肉，贮藏期也不扩大。

**(2) 发病原因** 造成黑点病的原因很多，主要有以下几方面。

① 由真菌引起的黑点病。引起苹果黑点病的病菌为弱寄生真菌，这些菌一般不侵染自然条件下的果实，但在套袋后，果实处在高温、高湿、密闭的条件下，苹果上残留的病菌容易侵染果实发病，形成小黑点。尤其在阴雨连天、果园郁闭、树势过旺、氮肥用量过多的果园容易发病。通过观察，发病初期在 8 月下旬，到 9 月进入发病盛期。但实际上病菌在花期和幼果期就已经侵入果实，之前未发病是进入潜育期没有表现症状。

② 幼果期使用渗透性强成分的乳油制剂农药和增效剂等，刺激果面产生黑点而发生黑点病。

③ 树体缺钙，容易发生苦痘病，导致黑点病症状加重。

④ 康氏粉蚧的危害，造成苹果萼洼处形成小黑点，黑点上有白色蜡粉，形成黑点病。

⑤ 地势低洼、树冠郁闭不通风的果园，在夏季雨多时，纸袋长时间处于潮湿、高温的环境容易发生黑点病。

⑥ 套袋原因。纸袋质量差、规格小，疏水性、透气性不强，再加上套袋技术质量差，扎口不严，雨水容易进入袋内，果实长期处在高温、高湿条件下，导致黑点病发生严重。

**(3) 防治方法** 针对发病原因，做出综合防治措施。

① 树下管理。采取起垄栽培，实行沟灌，做到树体的生长环境通透性良好，有效降低空气湿度对树体的不利影响；配方平衡施肥，控制化肥施用量，特别是氮肥不要过量，每年每亩一般不超过 100 千克。增施有机肥，每年每亩施 3 000～5 000 千克。提倡果园生草法，每年割草 5～6 次，以使果园土壤中的养分得到全面释放，各种营养元素得到充分吸收。以上措施能使树体健壮，提高树体对黑点病等病害的抵抗能力。

② 树上管理。合理修剪，做好单株修剪的同时，还要做好株间、行间的修剪，改善果树通风透光条件，使树体营养分布均匀合理。

③ 套袋“三讲究”。一是果袋质量有讲究，选择规格合适、透气性和疏水性强的双层内红纸袋；另外，要准确把握套袋时间，不同品种稍有差异，一般在苹果落花后 45 天为宜。二是套袋前喷药有讲究，套前一定要在果面上细致喷杀菌剂、杀虫剂，喷药后不要立即套袋，隔 1～2 天再套，以免将康氏粉蚧、蚜虫、红蜘蛛等害虫的尸体套入袋内而污染得病。三是套袋作业有讲究，不要在有药水、露水、雨水等湿润情况下套袋，套袋时纸袋要完全撑开，将幼果轻轻套入悬空并做到扎口严密，以防雨水进入。

④ 正确喷药。稀释农药用水最好是江河水或水库的水，若必须用井水，需将水提前在阳光下晒 1～2 天；药液浓度不要过高，混合种类也不要过多，喷药时药液充分雾化且速度不宜过快，以免造成对果面刺激和创伤而导致病菌侵入。

⑤ 树体补钙。严重缺钙的果园，在春季萌芽时，每亩地撒施生石灰粉 200 千克；苹果幼果期连续喷有机钙或硝酸钙等液体钙肥，结合病虫害防治混入药液中，一般 3～4 次。可有效缓解缺钙现象，减轻苦痘病的发生。

⑥ 药剂防治。将病菌彻底消灭在果实套袋之前是防治黑点病的关键。苹果花期喷 1～2 次 4％农抗 120 600 倍液，或 3％

多抗霉素800倍液；落花后7天开始，每隔10～15天喷1次药，需喷3～4次。可选用的杀菌剂如30%戊唑·多菌灵800倍液、40%苯醚甲环唑3 000倍液、25%戊唑醇1 500倍液、喷克800倍液等。花后第二次药开始加入杀康氏粉蚧、红蜘蛛和蚜虫的药剂，可选用阿维螺螨酯、毒死蜱水分散剂或啶虫脒粉制剂，注意千万不能用乳油制剂。7月下旬至8月上旬是雨季，高温潮湿，也是防治黑点病的关键时期，树上喷70%甲基硫菌灵800倍液、80%代森锰锌500倍液或77%硫酸铜钙1 000倍液。

## 三、苹果主要虫害防治

### （一）螨类

**1. 二斑叶螨** 别称二点叶螨、叶锈螨、棉红蜘蛛、普通叶螨。

**（1）形态特征**

① 成螨。雌成螨体长0.42～0.59毫米，椭圆形，体背有刚毛26根，排成6横排。体背两侧各具1块黑色长斑，滞育型螨体呈淡红色，体侧无斑。与朱砂叶螨的最大区别为在生长季节无红色个体。雄成螨体长0.26毫米，近卵圆形，前端近圆形，腹末较尖，多呈绿色。与朱砂叶螨难以区分。

② 卵。球形，长0.13毫米，光滑，初产为乳白色，渐变橙黄色，将孵化时现出红色眼点。

③ 幼螨。初孵时近圆形，体长0.15毫米，白色，取食后变暗绿色，眼红色，足3对。

④ 若螨。前若螨体长0.21毫米，近卵圆形，足4对，色变深，体背出现色斑。后若螨体长0.36毫米，与成螨相似。

**（2）危害特点** 二斑叶螨主要寄生在叶片的背面取食，受害叶片先从近叶柄的主脉两侧出现苍白色斑点，随着危害的加重，可使叶片变成灰白色及至暗褐色，严重者叶片焦枯以至提早脱落。

**(3) 发生规律** 一年发生7～9代，以雌虫在土缝、枯枝落叶下、树干翘皮内及旋花科宿根性杂草的根际处吐丝结网潜伏越冬。春天平均气温到10℃左右时出蛰取食，6月中旬至7月中旬高温干旱，为猖獗危害期，下雨后虫口密度迅速下降，10月陆续越冬。

**(4) 防治方法**

① 清除果园里的枯枝落叶和杂草，集中深埋或烧毁，消灭越冬雌成螨；春季及时中耕除草，特别要清除阔叶杂草，及时剪除树根上的萌蘖，消灭其上的二斑叶螨。

② 药剂防治。在平均气温10℃以上时，越冬雌成螨出蛰，树上喷50%硫悬浮剂200倍液或1波美度石硫合剂，消灭在树上活动的越冬成螨。在夏季，要抓住害螨从树冠内膛向外围扩散初期的防治关键期。注意选用选择性杀螨剂，常用药剂有20%三唑锡悬浮剂1 500倍液、10%浏阳霉素乳油1 000倍液、20%阿维螺螨酯4 000倍液。

**2. 苹果全爪螨** 别称苹果红蜘蛛。

**(1) 形态特征**

① 成螨。雌成螨体长约0.45毫米，宽0.29毫米左右。体圆形，红色，取食后变为深红色。背部显著隆起，背毛26根，粗壮，向后延伸。足4对，黄白色。雄螨体长0.30毫米左右。初蜕皮时为浅橘红色，取食后呈深橘红色。

② 卵。葱头形。顶部中央具一短柄。夏卵橘红色，冬卵深红色。

③ 幼螨。足3对。由越冬卵孵化出的第一代幼螨呈淡橘红色，取食局呈暗红色；夏卵孵出的幼螨初孵时为黄色，后变为橘红色或深绿色。

④ 若螨。足4对。有前期若螨与后期若螨之分。前期若螨

体色较幼螨深；后期若螨体背毛较为明显，体形似成螨，已可分辨出雌雄。

**(2) 危害特点** 以成螨在叶片上危害，叶片受害后初期呈现失绿小斑点，逐渐全叶失绿，严重时叶片黄绿、脆硬，全树叶片苍白或灰白，一般不易落叶。严重时使刚萌发的嫩芽枯死。一般不吐丝结网，只在营养条件差时雌成螨才吐丝下垂，借风扩大蔓延。

**(3) 发生规律** 1年发生6～10代。以滞育卵（冬卵）在2～4年的枝条分杈、伤疤等背阴面越冬，似红漆。翌年4～5月卵孵化，孵化时间较集中，这是药剂防治关键适期。6～7月是全年发生危害的高峰，世代重叠严重。8月中下旬出现滞育卵，10月上旬是压低越冬卵基数的防治适期。

**(4) 防治方法**

① 春季防治越冬卵量大时，果树发芽前喷施95%机油乳剂500倍液，消灭越冬卵。

② 根据苹果全爪螨田间发生规律，全年有3个防治适期：一是4月下旬为越冬卵盛孵期，此时正值苹果花序分离至露头期，苹果叶片面积小，虫体较集中；加之，此时为幼、若螨态，其抗药性差，是药剂防治的最有效时期。二是5月中旬为第一代夏卵孵化末期，即苹果终花后1周，幼、若螨发生整齐，防治效果最佳。三是8月底至9月初为第六代幼、若螨发生期，是压低越冬代基数的关键时期。

可选用下列药剂防治：45%晶体石硫合剂20～30倍液，3%苦参碱水剂200～500倍液，5%唑螨酯悬浮剂2 000～2 500倍液，16%四螨嗪·哒螨灵可湿性粉剂1 600～2 000倍液，25%三唑锡可湿性粉剂1 000～1 330倍液，73%炔螨特乳油2 000～3 000倍液，24%螺螨酯悬浮剂4 000倍液，2%阿维菌素乳油3 000～4 000倍液，40%阿维菌素·炔螨特乳油2 000～2 500倍液等。

3. 山楂叶螨　别称山楂红蜘蛛。

(1) 形态特征

① 成螨。雌成螨卵圆形，体长0.54～0.59毫米，冬型鲜红色，夏型暗红色。雄成螨体长0.35～0.45毫米，体末端尖削，橙黄色。

② 卵。圆球形，春季产卵呈橙黄色，夏季产的卵呈黄白色。

③ 幼螨。初孵幼螨体圆形、黄白色，取食后为淡绿色，3对足。

④ 若螨。4对足。前期若螨体背开始出现刚毛，两侧有明显墨绿色斑，后期若螨体较大，体形似成螨。

**(2) 危害特点**　危害初期叶部症状表现为局部褪绿斑点，后逐步扩大成褪绿斑块；危害严重时，整张叶片发黄、干枯，造成大量落叶、落花和落果。

**(3) 发生规律**　北方地区一年发生6～10代，以受精雌成螨在主干、主枝和侧枝的翘皮、裂缝、根颈周围土缝、落叶及杂草根部越冬，第二年苹果花芽膨大时开始出蛰危害，花序分离期为出蛰盛期。出蛰后一般多集中于树冠内膛局部危害，以后逐渐向外膛扩散。常群集叶背危害，有吐丝拉网习性。9～10月开始出现受精雌成螨越冬。高温干旱条件下发生及危害严重。

**(4) 防治方法**

① 萌芽前刮除翘皮、粗皮，并集中烧毁，消灭大量越冬虫源。

② 出蛰期喷药。20%阿维哒螨灵2 000倍液。

③ 生长期喷药。喷施25%三唑锡可湿性粉剂1 000～1 500倍液，73%炔螨特乳油2 000～3 000倍液，24%螺螨酯悬浮剂4 000～6 000倍液，2%阿维菌素乳油3 000～4 000倍液，40%阿维菌素·炔螨特乳油2 000～2 500倍液等。

## (二) 蚜虫类

### 1. 苹果黄蚜

(1) 形态特征

① 有翅胎生雌蚜。头、胸部和腹管、尾片均为黑色，腹部

呈黄绿色或绿色，两侧有黑斑。

② 无翅胎生雌蚜。体长 1.4～1.8 毫米，纺锤形，黄绿色，复眼、腹管及尾均为漆黑色。

③ 若蚜。鲜黄色，触角、腹管及足均为黑色。

④ 卵。椭圆形，漆黑色。

**(2) 危害特点**　被害叶片的叶尖向叶背横卷，影响新梢生长，严重时造成树势衰弱。

**(3) 发生规律**　一年发生 10 余代，以卵在寄主枝梢的皮缝、芽旁越冬。翌年苹果芽萌动时开始孵化，约在 5 月上旬孵化结束。初孵若蚜先在芽缝或芽侧危害 10 余天后，产生无翅和少量有翅胎生雌蚜。5～6 月继续以孤雌生殖的方式产生有翅和无翅胎生雌蚜。6～7 月繁殖最快，产生大量有翅蚜扩散蔓延造成严重危害。7～8 月气候不适，发生量逐渐减少，秋后又有回升。10 月间出现性母，产生性蚜，雌雄交尾产卵，以卵越冬。此虫无转换寄主现象，是一种留守型蚜虫。

**(4) 防治方法**

① 人工防治。在蚜虫发生少的年份，树上有个别新梢被害，早期剪除，可有效控制其蔓延。

② 果树休眠期防治。苹果发芽前，喷含油量 5%柴油乳剂，消灭越冬卵，可兼治红蜘蛛和各种介壳虫。

③ 果树生长期防治

a. 树干涂环。在 5 月上中旬，蚜虫发生初期，将主干刮去老皮（6 厘米宽的环带），再选用 40%氧化乐果 2～10 倍液涂抹，以药液不往下流为度，或用药液浸卫生纸缠树，最后用塑料布或报纸包扎，一般 7～10 天，蚜虫可全部死亡。

b. 喷药防治。通常在越冬卵孵化盛期并未造成受害时（花序分离期），是全年防治的第一个有利机会，在大发生期进行第二次防治。可选用 25%吡虫啉 4 000～5 000 倍液、50%辟蚜雾可湿性粉剂 1 500 倍液、2.5%功夫菊酯 2 000 倍液、20%啶虫脒

6 000～8 000 倍液等防治。由于蚜虫繁殖代数多，并具有孤雌生殖的特点，故易产生抗药性。因此，要注意选择新药。

④ 应充分认识和利用天敌的自然控制作用。在正常气候下，没有药剂干扰，蚜虫不致成灾。发生量较大时，到 6 月上中旬麦田瓢虫向果园转移，也可在短期内控制其危害。危害严重时，可用药剂防治，要特别注意保护其天敌，如多种瓢虫、食蚜蝇、草蛉、茧蜂和姬蜂。

2. 苹果瘤蚜

**(1) 形态特征**

① 无翅胎生雌蚜。体长 1.4～1.6 毫米，近纺锤形，体暗绿色或褐色，头漆黑色，复眼暗红色，具有明显的额瘤。

② 有翅胎生雌蚜。体长 1.5 毫米左右。头、胸部暗褐色，具明显的额瘤，且生有 2～3 根黑毛。

③ 若虫。似无翅蚜，体淡绿色。其中有的个体胸背上具有 1 对暗色的翅芽，此型称翅基蚜，日后则发育成有翅蚜。

④ 卵。圆形，黑绿色而有光泽，长径约 0.5 毫米。

**(2) 危害特点** 成、若蚜群集叶片、嫩芽吸食汁液，受害叶边缘向背面纵卷成条筒状。通常仅危害局部新梢，被害叶由两侧向背面纵卷，有时卷成绳状，叶片皱缩，瘤蚜在卷叶内危害，叶外表看不到瘤蚜，被害叶逐渐干枯。

**(3) 发生规律** 一年发生 10 多代，以卵在一年生枝条芽缝、剪锯口等处越冬。翌年 4 月上旬，越冬卵孵化，自春季至秋季均孤雌生殖，发生危害盛期在 6 月中下旬。10～11 月出现有性蚜，交尾后产卵，以卵态越冬。

**(4) 防治方法**

① 结合春季修剪，剪除被害枝梢，杀灭越冬卵。

② 重点抓好蚜虫越冬卵孵化期的防治。当孵化率达 80%时，可喷施 10%氟啶虫酰胺水分散粒剂 2 500～5 000 倍液，或 25%氰戊菊酯·辛硫磷乳油 1 000～2 000 倍液，或 5%高效氯氰菊

酯·吡虫啉乳油2 000～3 000倍液，或20%啶虫脒·辛硫磷乳油1 500～2 000倍液，或4%阿维菌素·啶虫脒乳油4 000～5 000倍液。

3. 苹果绵蚜

**（1）形态特征**

① 无翅孤雌蚜。体卵圆形，长1.7～2.2毫米，头部无额瘤，腹部膨大，黄褐色至赤褐色，背面有大量白色棉毛状长蜡毛，复眼暗红色，触角6节。

② 有翅孤雌蚜。体椭圆形，长1.7～2.0毫米，头胸黑色，腹部橄榄绿色，全身被白粉，腹部有少量白色长蜡丝，触角6节。

③ 有性蚜。体长0.6～1毫米，触角5节。若虫分有翅与无翅两型。

**（2）危害特点**　主要危害枝干和根系。群集在枝干的病虫伤口、锯剪口、老皮裂缝、新梢叶腋、短果枝、果柄、果实的梗洼和萼洼进行危害。枝干或根被害后，起初形成平滑而圆的瘤状突起，严重时肿瘤累累，有些肿瘤破裂，造成大小和深浅不同的伤口。果实受害，多集中在梗洼和萼洼周围，并产生白色棉絮状物。

**（3）发生规律**　以孤雌繁殖方式产生胎生无翅雌蚜。因地区不同、发生代数不同，一年少则8～9代，最多达21代，以无翅胎生成虫及1～2龄若虫在树干、枝条的伤疤处、粗皮裂缝、土表下根颈部与根蘖、根瘤皱褶及不定芽中越冬。夏季有翅蚜5月下旬出现，为数虽少，但能胎生幼蚜与有性蚜，因此利于扩散。

**（4）防治方法**

① 做好检疫工作，使之不再蔓延。

② 早春防治。在4月进行树体涂干，方法同蚜虫的防治。或灌根，苹果花期前后将树干根颈部一圈的土壤挖开，露出3～5厘米深的新鲜树皮即可，尽量弄净树皮上的土壤；将绵蚜净1

包（50克）倒入约500毫升装矿泉水瓶内，加满水混匀，将瓶盖钻一直径1毫米左右的小孔，瓶盖拧紧后小孔对准新挖开树皮处挤压瓶壁，将药液围绕树干喷洒一圈，1包药剂（即一瓶药液）一般可处理0.5亩地的果树，尽量使药剂在所处理树分摊均匀，喷洒完毕后将挖开的土壤回填，目的是减少喷药树皮处药剂的光解。处理后药剂在树皮内缓慢扩散，2个月后绵蚜会显著减少直至完全灭除。

③ 发生初期防治。在5月上中旬，该虫发生初期进行喷药防治。可使用50%抗蚜威可湿性粉剂4 000倍液或48%乐斯本乳油1 500倍液等。在喷药时，应采用淋洗式方法，并在药液中混加碳酸氢铵300倍液、洗衣粉300倍液、害立平1 000倍液等，可明显提高药效。

## （三）蛾类

**1. 苹果小卷蛾** 别名苹卷蛾、黄小卷叶蛾、溜皮虫。

**（1）形态特征**

① 成虫。体长6～8毫米。体黄褐色。前翅的前缘向后缘和外缘角有两条浓褐色斜纹，其中一条自前缘向后缘达到翅中央部分时明显加宽。前翅后缘肩角处，及前缘近顶角处各有一小的褐色纹。

② 卵。扁平椭圆形，淡黄色半透明，数十粒排成鱼鳞状卵块。

③ 幼虫。身体细长，头较小呈淡黄色。小幼虫黄绿色，大幼虫翠绿色。

④ 蛹。黄褐色，腹部背面每节有刺突两排，下面一排小而密，尾端有8根钩状刺毛。

**（2）危害特点** 幼虫危害果树的芽、叶、花和果实。小幼虫常将嫩叶边缘卷曲，并吐丝缀合数叶。大幼虫将2～3张叶片缠在一起，卷成饺子状虫苞，并取食叶片成缺刻或网状。将叶片缀贴果上，啃食果皮，受害果实上被啃食出形状不规则的小坑洼。

**(3) 发生规律**　该虫一年发生3～4代。以2～3龄幼虫在剪锯口、枝干翘皮缝内结茧越冬。翌年春季苹果花开绽时，开始出蛰，爬至芽及嫩叶上取食危害。黄河故道地区4月上旬为出蛰危害盛期，4月下旬化蛹，4月底至5月初越冬代成虫羽化，5月上中旬为羽化盛期。5月下旬为一代幼虫孵化盛期，危害盛期在6月上旬；二代幼虫危害盛期为7月上旬；第三代幼虫危害盛期为8月上旬。8月下旬至9月初为第四代幼虫孵化盛期，2～3龄幼虫于9月下旬转移到剪锯口、翘皮裂缝处越冬。

**(4) 防治方法**

① 消灭越冬幼虫。在果树休眠季节刮除剪锯口、老翘皮、粗皮，集中烧毁，或在苹果发芽前，用80%敌敌畏100倍液封闭剪锯口，消灭越冬幼虫。

② 摘除虫苞。于幼虫发生危害期间，人工摘除虫苞或将虫掐死。

③ 诱杀成虫。于成虫发生期间，在果园内挂性诱芯或糖醋液盆，诱杀成虫。

④ 药剂防治。在越冬幼虫出蛰期和各代幼虫孵化盛期进行药剂防治，可选用2.2%甲维盐乳油4 000倍液喷施，此药防治卷叶蛾特效。

### 2. 金纹细蛾

**(1) 形态特征**

① 成虫。体长约2.5毫米，体金黄色。前翅狭长，黄褐色，翅端前缘及后缘各有3条白色和褐色相间的放射状条纹。后翅尖细，有长缘毛。

② 卵。扁椭圆形，长约0.3毫米，乳白色。

③ 幼虫。老熟幼虫体长约6毫米，扁纺锤形，黄色，腹足3对。

④ 蛹。体长约4毫米，黄褐色。

**(2) 危害特点**　金纹细蛾幼虫从叶背潜食叶肉，形成椭圆形的虫斑，叶背表皮皱缩，叶片向背面弯折。叶片正面呈现黄绿色网眼状虫斑，俗称“开纱窗”，内有黑色虫粪。虫斑常发生在叶片边缘，严重时布满整个叶片。

**(3) 发生规律** 一年发生4～5代。以蛹在被害的落叶内过冬。第二年4月苹果发芽开绽期为越冬代成虫羽化盛期。成虫喜欢在早晨或傍晚围绕树干附近飞舞，进行交配、产卵活动。卵多产在幼嫩叶片背面绒毛下，单粒散产，卵期7～10天。幼虫孵化后从卵底直接钻入叶片中，潜食叶肉，致使叶背被害部位仅剩下表皮，叶背面表皮鼓起皱缩，外观呈泡囊状，泡囊约有黄豆粒大小，幼虫潜伏其中，被害部内有黑色粪便。老熟后，就在虫斑内化蛹。成虫羽化时，蛹壳一半露在表皮之外，极易识别。8月是全年中危害最严重的时期，如果一片叶有10～12个斑时，此叶不久必落。各代成虫发生盛期如下：越冬代4月中下旬；第一代6月上中旬；第二代7月中旬；第三代8月中旬；第四代9月下旬。金纹细蛾的发生与品种和树体小气候密切相关。短枝金冠、红星、青香蕉和金冠品种对金纹细蛾表现出高抗，而新红星、富士和国光表现为高感。

**(4) 防治方法**

① 人工防治。果树落叶后清除落叶，集中烧毁，消灭越冬蛹。

② 药剂防治。防治的关键时期是各代成虫发生盛期。其中在第一代成虫盛发期喷药，防治效果优于后期防治。可选用药剂有20%杀灭菊酯2 000倍液、2.5%溴氰菊酯2 000～3 000倍液、30%蛾螨灵可湿性粉剂1 200倍液。另外，25%的灭幼脲3号胶悬剂1 000倍液或25%杀铃脲6 000倍液也有很好的防治效果。

## (四) 其他

### 1. 桃小食心虫

**(1) 形态特征**

① 成虫。全身淡灰褐色，雌虫体长7～8毫米，翅展16～18

毫米，雄虫略小。前翅中央近前缘处有一蓝黑色的近似三角形大斑，后翅灰色。雌蛾触角丝状，下唇须长而直，稍后倾。雄蛾触角栉齿状，下唇须短而上翘。

② 卵。红色，近孵化时呈暗红色，竖椭圆形，长 0.4～0.41 毫米，宽 0.31～0.36 毫米，顶端环生“丫”字形外长物。

③ 幼虫。老熟幼虫体长 13～16 毫米，桃红色，初孵化幼虫乳白色，头及前胸背板黑褐色，胴部有淡黑色小点，无臀栉。

④ 茧。有 2 种。越冬茧呈扁圆形，长 4.5～6.2 毫米，宽 3.2～5.2 毫米，质地紧密，坚韧结实；夏茧呈纺锤形，长 7.8～9.9 毫米，宽 3.2～5.2 毫米，质地疏松，一端有羽化孔，幼虫在其中化蛹。

⑤ 蛹。黄白色，体长 6.5～8.6 毫米，体壁光滑无刺。

**（2）危害特点**　初孵化幼虫，从萼洼附近或果实胴部蛀入果内，蛀入孔流出透明的水珠状果胶滴，数日后果胶滴干燥成白色粉状物，随着果实长大，入果孔愈合为一针尖大小的小黑点，周围稍凹陷，呈青绿色。幼虫蛀入后在果内纵横串食或直入果心蛀食。早期危害严重时，使果实变形，表面凹凸不平，俗称猴头果。被害果实渐变黄色，果肉僵硬，又俗称黄病。果实近成熟期被害，一般果形不变，但果内虫道充满大量虫粪，俗称豆沙馅。幼虫老熟后，在果面咬一直径 2～3 毫米的圆形脱果孔，虫果容易脱落。被害果大多有圆形幼虫脱果孔，孔口常有少量虫粪，由丝粘连。

**（3）发生规律**　以老熟幼虫在土中越冬。在苹果落花后半月左右，当旬平均气温达到 17 ℃，地温达 19 ℃时，幼虫开始出土。幼虫出土受土壤含水量影响较大，土壤含水量在 10%以上时，幼虫能顺利出土；越冬幼虫出土后，在地面作夏茧化蛹，蛹期约半月。6 月上旬开始出现越冬代成虫，盛期在 6 月中下旬至 7 月上旬，末期在 7 月下旬。

**（4）防治方法**

① 农业防治。一是在越冬幼虫出土前，将树根颈基部土壤

扒开 13～16 厘米，刮除贴附表皮的越冬茧。二是于第一代幼虫脱果时，结合压绿肥进行树盘培土压夏茧。三是摘除虫果，在幼虫蛀果危害期间（幼虫脱果前），于果园巡回检查，摘除虫果，并杀灭果内幼虫。每隔 10 天摘 1 次虫果，可有效控制该虫的发生量。

② 套袋保护。在成虫卵前对果实进行套袋保护，在套袋果园该虫已不成问题。

③ 诱杀。田间安置黑光灯或利用桃小食心虫性诱剂诱杀成虫；覆盖地膜，在春季对树干周围半径 1 米以内的地面覆盖地膜，能控制幼虫出土、化蛹和成虫羽化挖茧或扬土灭茧。

④ 生物防治。每平方米施寄生线虫 60 万～80 万条，杀虫效果良好。

⑤ 药剂防治。常用药剂 5%顺式氰戊菊酯（来福灵）乳油、10%氯氰菊酯乳油、2.5%溴氰菊酯乳油均为 1 500～2 000 倍液，2.2%甲维盐乳油 4 000 倍液，25%灭幼脲 3 号 1 000～1 500 倍液。

### 2. 苹果绿盲蝽

**（1）形态特征** 成虫体卵圆形，黄绿色，体长 5 毫米左右，宽 2.2 毫米；触角绿色；前翅基部革质、绿色，端部膜质、灰色、半透明。若虫体绿色，有黑色细毛，翅芽端部黑色。

**（2）危害特点** 该虫主要以成虫和若虫刺吸危害各幼嫩组织，苹果上以叶片受害最重。叶片受害初期形成针刺状红褐色小点，随着被害叶片的生长，以红褐色小点为中心形成许多不规则孔洞，叶缘残缺破碎、畸形皱缩，俗称“破叶疯”。幼果受害后，多在萼洼被害的吸吮点处溢出红褐色胶质物。以刺吸处为中心，形成表面凹凸不平的木栓组织。以后随着果实的逐渐膨大，刺吸处逐渐凹陷，最终形成畸形果。

**（3）发生规律** 绿盲蝽年发生 4～5 代，以卵越冬。第二年 4 月中旬果树花序分离期开始孵化，4 月下旬是顶芽越冬卵孵化盛期，孵化的若虫集中危害花器、幼叶。5 月中旬是越冬代成虫羽化高峰期，也是集中危害幼果的时期。交配产卵，危害繁殖三至四代，末代成虫于 10 月陆续迁回果园，产卵于果树的顶芽，进行越冬。绿盲蝽从早批叶芽破绽开始危害直至 6 月中旬，其中以展叶期和小幼果期危害最重。

绿盲蝽发生与气候有关，早春雨量大、湿度大有利于其他野生寄主上的越冬卵孵化，发生严重。早春过于干旱，靠近河边、水库、池塘的果园发生重。

**(4) 防治方法**

① 农业防治。结合冬季清园，铲除杂草，刮掉树皮，消灭绿盲蝽越冬卵。

② 休眠期药剂防治。苹果发芽前，结合刮树皮，全园喷施 1 次 40%安民乐乳油 1 000 倍液+柔水通 3 000 倍液混合液，可杀灭部分越冬虫卵。

③ 生长期药剂防治。5 月上中旬是药剂防治关键期，需连续喷药 2 次，间隔期 7～10 天；个别受害严重的果园，6 月上旬再喷药 1 次。常用有效药剂有 5%丁烯氟虫腈 1 500～2 000 倍液、40%安民乐乳油 1 000～1 500 倍液、20%甲氰菊酯乳油 1 500～2 000倍液等。由于绿盲蝽白天一般在树下杂草及行间作物上潜伏，早、晚上树危害，因此，喷药时应着重喷洒树干、地面杂草及行间作物，做到树上、树下喷施时细致、周到。尽量在傍晚喷药效果较好。

**3. 苹果桑天牛**

**(1) 形态特征**

① 成虫。黑褐至黑色密被青棕或棕黄色绒毛。头部中央有 1 条纵沟，触角的柄节和梗节都呈黑色，鞭节的各节基部都呈灰白色，端部黑褐色，前胸背面有横行皱纹，鞘翅基部密布黑色光亮的颗粒状突起，翅端内、外角均呈刺状突出。

② 卵。长椭圆形，初乳白色，后变淡褐色。

③ 幼虫。圆筒形乳白色，头黄褐色。

④ 蛹。纺锤形，初淡黄后变黄褐色。

**(2) 危害特点** 成虫食害嫩枝皮和叶，初孵幼虫在2～4年生枝干中蛀食逐渐深入心材。幼虫于枝干的皮下和木质部内，向下蛀食，隧道内无粪屑，隔一定距离向外蛀一通气排粪屑孔，排出大量粪屑，削弱树势，重者枯死。

**(3) 发生规律** 一年发生1代，以幼虫在枝条内越冬。寄主萌动后开始危害，落叶时休眠越冬。6月中旬开始出现成虫，7月上中旬开始产卵，成虫多在晚间取食嫩枝皮和叶，以早、晚较盛，取食15天左右开始产卵，卵经过15天左右开始孵化为幼虫。7～8月成虫盛发期。

**(4) 防治方法**

① 7～9月幼虫孵化，并向枝条基部蛀入，防治时可选最下的1个新粪孔，将蛀屑掏出，然后用天牛钩杀器钩捕或刺杀幼虫。

② 6月下旬至8月下旬成虫发生期，每天傍晚巡视果园，捕捉成虫。成虫白天不活动，可振动树干使虫落地捕杀。

③ 幼虫发生盛期，对新排粪孔，可选用80%敌敌畏乳油100倍液，25%高效氯氰菊酯乳油50倍液，10%吡虫啉可湿性粉剂500～800倍液，用兽用注射器注入蛀孔内，施药后几天，及时检查，如还有新粪排出，应及时补治。

**4. 苹毛金龟子**

**(1) 形态特征**

① 成虫。体长9～12毫米，宽6～7毫米，长卵圆形，除鞘翅和小盾片外全体被黄白色细绒毛，鞘翅光滑无毛，黄褐色，半透明，具淡绿色光泽。鞘翅上隐约有V形后翅，腹末露出鞘翅外。头、胸部古铜色，有光泽，触角鳃叶状9节。

② 卵。椭圆形，乳白色后变为米黄色。

③ 幼虫。体长15毫米，头部黄褐色，胸腹部乳白色，头部

前顶刚毛各有7～9根，排成一纵列，后顶刚毛各10～11根，呈簇状。额中两侧各2根刚毛较长。胸足细毛，5节，无腹足。

④ 蛹。裸蛹初为白色，后渐变为黄褐色。

**(2) 危害特点**　在果树花期，以成虫取食花蕾、花朵和嫩叶，发生严重时，将上述部分吃光。

**(3) 发生规律**　一年发生1代。以成虫在土中越冬，3月下旬开始出土活动，4月危害最重，5月中旬成虫活动停止，4月下旬至5月上旬为产卵盛期，5月下旬至6月上旬为幼虫发生期，8月中下旬是化蛹盛期，9月中旬开始羽化，羽化后不出土，在土中越冬。成虫具假死性，无趋光性，一般先危害杏，后危害梨、苹果和桃等。

**(4) 防治方法**

① 利用成虫的假死性，于清晨或傍晚振树捕杀成虫。

② 在成虫出土前，树下施药剂，可用25%辛硫磷微胶囊100倍液处理土壤。

③ 施有机肥时，捡拾幼虫和蛹或用25%辛硫磷胶囊100倍液进行处理。

④ 苹果树近开花前施药，果园常用有机磷类药剂1 000～1 500倍液、菊酯类药剂1 500～2 000倍液。

**5. 康氏粉蚧**

**(1) 形态特征**

① 成虫。雌成虫椭圆形，较扁平，体长3～5毫米，粉红色，体被白色蜡粉，体缘具17对白色蜡刺，腹部末端1对几乎与体长相等。触角多为8节。腹裂1个，较大，椭圆形。肛环具6根肛环刺。臀瓣发达，其顶端生有1根臀瓣刺和几根长毛。多孔腺分布在虫体背、腹两面。刺孔群17对。体毛数量很多，分布在虫体背腹两面，沿背中线及其附近的体毛稍长。雄成虫体紫褐色，体长约1毫米，翅展约2毫米，翅1对，透明。

② 卵。椭圆形，浅橙黄色，卵囊白色絮状。

③ 若虫。椭圆形，扁平，淡黄色。

④ 蛹。淡紫色，长1.2毫米。

**(2) 危害特点** 若虫和雌成虫刺吸芽、叶、果实、枝叶及根部的汁液，嫩枝和根部受害常肿胀且易纵裂而枯死。幼果受害，多成畸形果。排泄蜜露常引起煤污病发生，影响光合作用。

**(3) 发生规律** 一般1年发生3代，以卵囊在树干及枝条的缝隙等处越冬。各代若虫孵化盛期为5月中下旬，7月中下旬和8月下旬。若虫发育期，雌虫为35～50天，雄虫为25～37天。雄若虫化蛹于白色长形的茧中。每头雌成虫可产卵200～400粒，卵囊多分布于树皮裂缝等处。若虫和成虫吸食苹果枝干和果实汁液，可导致枝干生长衰弱，果实品质下降，甚至整株果树枯死。

**(4) 防治方法**

① 注意保护和利用天敌。康氏粉蚧的天敌有瓢虫和草蛉等。

② 冬季清除虫卵，减少虫源。结合冬季修剪、重剪或疏除危害严重的有虫枝条，并彻底烧毁，降低越冬基数，以减轻来年虫源。

③ 化学防治。防治的关键是在1龄若虫活动时施药。一般刚卵化后的若虫并不马上分泌蜡粉，等天气晴朗暖和时陆续以团体介壳爬出，过几天体外才陆续上蜡，因此要掌握在若虫分散转移期分泌蜡粉前施药防治，可选用2.5%敌杀死乳油或2.5%功夫乳油、40%毒死蜱+20%的阿维菌素等。

## 四、苹果园杂草防治技术

我国很多地方夏季连阴雨天气较多，影响了果园正常管理，导致很多果园杂草丛生，这不仅直接影响了果树的正常生长和结果，而且加重了果园病虫害的发生，降低了果实品质和商品性能，给果农带来了经济损失。

## （一）主要种类及危害

**1. 主要种类**　据调查，北方苹果园杂草主要有禾本科的马唐、稗草、牛筋草、狗尾草、野燕麦、白茅，唇形科的夏至草，菊科的刺儿菜、苍耳、蒲公英，十字花科的荠菜，桑科的葎草，马齿苋科的马齿苋，苋科的反枝苋，大戟科的铁苋菜，莎草科的三棱草，旋花科的小旋花，藜科的灰菜，车前科的车前，鸭跖草科的鸭跖草等数十种。由于不同类型果园的生态环境差异较大，因而杂草的种类也不相同。幼龄果园，以白茅、三棱草、刺儿菜、小旋花、葎草等多年生杂草为主，同时也有荠菜、夏至草、马唐、牛筋草、狗尾草，马齿苋、反枝苋等一年生杂草；成龄果园以一、二年生禾本科杂草和阔叶杂草为主，也有少量的多年生杂草。同时果园由于生态地貌的不同，其杂草的优势种群种类和数量也有明显的差异。

**2. 危害**

**（1）与苹果树争肥水**　果园杂草根系发达，能从土壤中吸收并消耗大量水分和养分。据研究，一年生的双子叶杂草密度为100～200 株/米$^2$，每年每公顷杂草要吸收氮 60～139.5 千克，磷 19～30 千克，钾 99～139.5 千克，若每平方米果园中有藜、鸭跖草、稗草 800～1 000 株，当这些杂草进入开花结果期，每公顷要从土壤中吸收相当于 30 000～45 000 千克的肥料。可见，若不及时控制杂草，果园施用的肥料很大一部分被杂草吸收，导致果树生长不良，幼树结果延迟，结果树树体衰弱且果小、色淡、质差，从而导致低产低效。

**（2）病虫害严重**　果园杂草是许多病虫害的媒介和中间寄主，如危害果树的红蜘蛛、蚜虫、绿盲蝽等均可在多年生杂草上寄生；冬季草根丛生中潜藏的害虫冬茧、金龟子幼虫等是危害果树的越冬虫源；空中飘飞的已感染环斑病毒的蒲公英种子洒落在果树上，可使果树感病。

**(3) 光照差** 果园中一些植株高大的杂草，如灰绿藜、凹头苋、碱蓬或一些攀援生长的杂草，如牵牛花、葎草等攀援绕缠在果树上，减少了果树受光面积，同时杂草与果树争夺空气中的二氧化碳，从而影响果树的有机营养积累，对花芽形成及果实品质不利，降低了商品果率和经济效益。

## (二) 杂草防除技术

**1. 人工除草** 采用人工除草安全、方便，是目前生产上主要的除草方法，如耕作等田间作业都有一定除草作用，但人工除草必须及时，一般应在杂草出土后3～5叶时及时锄地，此时既省工又省力。

人工除草如遇连雨天不仅增加了人工除草的难度，而且更有利于杂草生长，易导致杂草丛生。人工除草1年需4～6次，1次每亩用工2～3个，全年用工10～15个，费用较高。

**2. 机械除草** 采用旋耕机或割草机除草，要求苹果树栽植规范，行间距要大，有机械作业的空间。小型旋耕机（8～12马力*）30～45小时旋耕1公顷，中型旋耕机（15～25马力）7.5小时旋耕1公顷。割草机包含多种类型，四轮拖拉机型割草机2.5小时割1公顷，当杂草高40厘米左右割1次，一年需割草4～6次。一般机械除草每亩地年费用在150～200元，与人工比省工省时，费用低。

**3. 间作法** 在幼龄果园或果树行距较大，地面覆盖率极低的成龄果园，可在行间种植生长期短、植株矮小的作物，如花生、大豆、西瓜、甘薯、马铃薯等，既可覆盖地面，减少杂草生长危害，又能增加收入。

**4. 覆盖法**

**(1) 秸秆覆盖** 覆盖时间在5月上中旬以后，可采用作物秸

---

* 马力为非法定计量单位，1马力≈753瓦。——编者注。

秆等进行覆盖，厚度在 20 厘米左右，每公顷覆盖 15 000 千克左右。为防风防火，应在覆盖物上零星压土，树干周围 50 厘米范围内，应留空不覆盖，以利于果树生长，秸秆覆盖法不仅有良好的除草效果，还能提高土壤有机质含量，改善土壤物理性状，增强树势，提高果树越冬抗寒能力。

**（2）地布或塑料膜覆盖**　覆盖应在杂草出土前对树行两侧各 1 米进行覆盖，果树行间生草或间作农作物。

**5. 生草法**　生草法有两种，一是自然生草；二是人工种草，即在果树行间种植三叶草、苜蓿、水打旺、田菁等牧草。果园生草后既可覆盖地面，抑制恶性杂草生长，又可获得牧草或绿肥，同时还有利于保护天敌，但要注意加强肥水管理，及时收割，并保持 10 厘米的高度，树冠下要及时除草或覆地布。

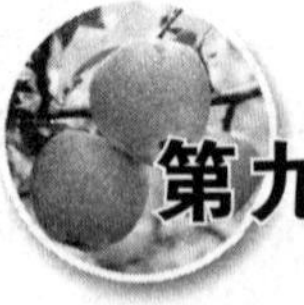

# 第九章　苹果园自然灾害防控技术

苹果是多年生植物，种植范围广，生命周期长，易受自然地理、生态环境及气象因子的影响；即使在一个年生长周期内的不同关键物候期阶段，其对环境、气象条件的要求也较高，一旦条件不适宜，就会对苹果生产造成极大的破坏。我国地处东亚季风区，气象条件年际波动较大，是农业气象灾害的多发地区，全国各地干旱、洪涝、低温冻害、高温热害等自然灾害频繁发生，尤其是近年来，在全球变暖为主要特征的气候变化背景下，极端气象及气候灾害大有增加的趋势。因此，了解各种灾害发生特征，提前做好灾害的预报、预警工作，正确实施防范和抵御自然灾害的各种技术措施，是保证我国苹果产业健康、可持续发展的一项重要工作。

## 一、低温与高温伤害

### （一）霜冻灾害

**1. 概念**　冬初和春末较温暖的时期，由于寒流和辐射冷使土壤、植物表面以及近地面气温短时间内骤降（0 ℃或 0 ℃以下），造成苹果树体或其组织器官（芽、花、幼果、枝条、皮层、树干等）遭受冻害，甚至造成树体死亡等低温天气灾害，称为霜冻灾害。

**2. 类型**

**（1）根据霜冻的发生时期分类**　可分为早霜冻和晚霜冻（也

称秋霜冻和春霜冻）。

**（2）按霜冻形成的原因分类**　又可分为平流霜冻、辐射霜冻和平流辐射霜冻。平流霜冻是由于强冷空气引起剧烈降温而形成的，气温比地面温度还低，称为风霜，该种霜冻危害面积大。辐射霜冻是由于夜间晴朗无云、无风，地面或物体表面辐射降温而形成，越靠近地面温度越低，地面温度比气温还低，故称为地霜，此类霜冻持续时间短而危害较轻。平流辐射霜冻是在冷平流和辐射降温共同作用下形成的霜冻，这类霜冻出现的次数多，影响范围大，并可发生在日平均气温较高的暖和天气之后，因此对果树生产危害较重。

**3. 危害特征**　霜冻对苹果造成严重危害的主要是晚霜冻（春霜冻），尤其是在苹果开花坐果期危害巨大。生产中广泛栽培的红富士苹果花期霜冻的临界低温：花蕾期为－3.8～－2.8℃；开花期为－2.2～－1.7℃，雌蕊受冻；幼果期－2.2～－1.1℃，幼果受冻。苹果花器官抗寒力较差，在花芽期和花芽膨大期遇到霜冻灾害，会导致开花延迟，或雌雄蕊发育不正常，影响受精和坐果。据烟台市农业科学院果树研究所秦洪志观察，花器官中柱头、花柱最先受害，其次是子房、胚珠，最后是雄蕊。轻者柱头或花柱变为黄褐色至褐色，呈水渍状，多数花柱萎缩变短；重者柱头、花柱枯萎不见，子房胚珠变褐。雄蕊受冻，轻者长短不齐，或仅存数根花丝，花药小，花粉少；重者枯萎不见花蕊，着生雌雄蕊处变成黑色圆盘。受冻的花朵，有的皱缩不展，有的花冠较小，只有正常花冠的1/2左右。部分受冻花器官、花序基部的髓部形成扩大的空腔，并发生纵向断裂，尚在花蕾期即枯萎死亡。受冻的花朵花瓣早落，开花期比正常花期缩短2～3天。开花期受冻后通常表现为授粉不良，柱头干枯死亡，花丝或子房变褐。

幼果期遇霜冻后轻者果面留下冻痕，虽然果实能膨大，但往往变成畸形小果；重者幼果停止膨大，变成僵果；严重者果柄冻伤而落果。在高寒地区、果实采收前也会发生霜冻，即早霜冻危害，轻者能够恢复，对品质影响不大；重者整个果实冻结，融化后呈水渍状，则失去商品价值。

4. 预防措施

**(1) 选育抗霜冻品种** 生产中，选育抗霜冻品种是避免霜冻危害的有效措施之一。据烟台市农业科学院姜中武 2006 年在发生霜冻危害的苹果资源圃里观察，乔纳金、舞乐、华美、南方脆、太阳富士、太平洋玫瑰、早熟富士、丰艳不抗冻，花朵的冻害率在 50%以上。红露、爱尔斯塔、华帅、岳帅、美娜、信浓金、黄王、小黄、丹光、宁本未发生花蕾冻害，未发生冻害的多数品种的物候期比较晚，如红露 4 月 22 日初花期，冻害发生在 4 月 16 日。冻害发生时，红露为花序分离期，但中心花未发生冻害，说明红露是早花抗霜冻害的品种。有研究表明，我国宁夏选育的宁红短枝型苹果新品种，抗霜冻能力明显强于元帅和新红星等品种。

**(2) 延迟发芽，减轻霜冻危害**

① 早春树干涂白或喷白。早春对树干、骨干枝进行涂白。涂白剂的配方是：生石灰 10 份、食盐 1～2 份、水 35～40 份，再加 1～2 份生豆汁，以增加黏着力。也可以用 10～20 倍的石灰水喷布树冠，以反射光照、减少树体对热能的吸收，降低冠层与枝芽的温度，这样做可推迟开花 3～5 天。

② 春季灌水或喷水。果树发芽后至开花前灌水或喷水 1～2 次，以减缓地温上升的速度，显著降低果园地温，可推迟花期 2～3 天。

**(3) 改善果园小气候**

① 加热法。加热防霜是现代防霜较先进而有效的方法。在果园内每隔一定距离放置一加热器，在将发生霜冻前点火加温，使下层空气变暖而上升，而上层原来温度较高的空气下降，在果树周围形成暖气层，一般可提高温度 1～2 ℃。

② 熏烟法。根据天气预报，在园内气温接近 0 ℃时，在迎风面每亩堆放 10 个烟堆熏烟，可提高气温 1～2 ℃。近年来，采用硝酸铵、锯末、柴油混合制成的烟雾剂代替烟堆熏烟，使用方便，烟量大，防霜效果好；也可用自制烟雾弹防霜，选 30%硝酸铵、30%沥青和 40% 锯末为原料，先将锯末和硝酸铵晒干、压碎、过筛，然后将 3 种材料混合拌匀，包成筒状药管，中间插上药捻或导火线即成。在来霜之前放置在地里，放置数量可根据地块大小而定，在晚霜来临前 1 小时左右点燃，可放出大量浓烟。

③ 树盘覆草。早春用杂草覆盖树盘，厚度为 20～30 厘米，可使树盘升温缓慢，限制根系的早期活动，从而延迟开花。如能够结合灌水，效果更好。

④ 其他措施。据国外报道，在果园上空使用大功率鼓风机搅动空气，可吹散凝集的冷空气，有预防霜冻的效果。

**(4) 喷营养液或化学药剂防霜**

① 喷防霜剂。研究表明，果树上的很多冰核，是由冰核细菌产生的，它们能提高植物体内水分的冷却点，从而致使植物在 0 ℃以下低温时发生霜冻。除去已存在的冰核，杀死产生冰核的细菌，就能够降低果树体内水分结冰的温度，从而减轻或避免霜冻的危害。

② 喷果树防冻剂。在冻害发生前 1～2 天，喷果树防冻液加 PBO 各 50～100 倍液，防冻效果极佳。也可喷自制防冻液，用琼脂 8 份、甘油 3 份、葡萄糖 43 份、蔗糖 45 份、其他营养素（包括肥料、植物生长调节剂等）2 份，清水 5 000～10 000 份，先将琼脂用少量水浸泡 2 小时，然后加热溶解，再将其余成分加入，混合均匀后即可使用。

③ 喷营养液。强冷空气来临前，对果园喷布芸薹素 481、天达 2116，可以有效地缓和果园温度剧降或调节细胞膜透性，能较好地预防霜冻。

5. 灾后补救措施

**(1) 停止疏花、延迟定果** 对于受冻果园，停止实施花前复剪、疏蕾疏花措施，待幼果坐定以后再根据坐果量、坐果分布情况等进行精细定果，留果形端正、发育正常果，疏弱小、畸形、受害果。冻害比较重的果园，定果时要充分利用优质边花果和腋花芽结果。

**(2) 促进坐果** 霜冻过后及时喷施0.3%～0.5%尿素、0.2%～0.3%硼及其他营养肥料，以迅速补充营养，缓解低温冻害所造成的不利影响，提高坐果率，保证充分坐果和促进幼果发育。

**(3) 加强人工辅助授粉** 采用人工点授、器械喷粉、花粉悬浮液喷雾等多种方法进行人工授粉。授粉时间以冻后剩余的有效花50%～80%开放时进行，重复进行2次。有条件的果园，可释放壁蜂和蜜蜂。

**(4) 加强肥水管理** 霜冻发生后，对于有灌溉条件的果园，立即进行浇水，以缓解低温伤害，促进根系和幼果正常发育。同时及时施用氮磷钾复合肥、硅钙镁钾肥、土壤调理肥、腐殖酸肥等，促进果实发育，增加单果重，挽回产量。加强土壤管理，促进根系和果实生长发育，以减轻灾害损失。

**(5) 加强病虫害防控** 遭受低温霜冻后的苹果园，树体容易衰弱，容易发生病虫危害。花蕾期喷布1波美度石硫合剂，或100倍石灰水，盛花期及盛花末期喷布200倍磷酸二氢钾+40%农抗120液800倍液，或氨基酸肥+安泰生1 000倍液，增强树势，防止病害发生。

## (二) 冻害

1. 概念

越冬期间气温或地温低于果树某器官或某部位所能忍受的温度下限值，引起冷冻伤害或死亡的现象，称为冻害。

2. 类型

**（1）冬季严寒型**　发生在越冬期间（主要是深冬时期），主要是由于持续低温所造成的冻害。主要表现为枝干冻害、根系冻害。另外，如果冬季气温变化剧烈，日较差较大，往往会导致枝干、根系受冻，表现为树干基部受冻、树干冻裂等。

**（2）入冬剧烈降温型**　晚秋至入冬时节，苹果树由生长状态过渡到休眠时期，此时气温骤降，往往会造成较严重的枝干冻伤，不仅使产量降低，而且会造成整株树死亡。

**（3）早春融冻型**　苹果树在休眠期抗寒力较强，随着春季气温回升，回暖融冻，其抗寒力大大降低。此时，如遇气温骤降天气，苹果树的花芽和枝条往往会受冻害。

3. 危害特征

**（1）根系冻害**　根系冻害一般不容易发现，但对地上部的影响非常显著，表现为春季萌芽晚或不整齐，有的受冻害较轻，虽然能发芽，但生长缓慢，严重时抽出的新梢逐渐凋萎枯干。挖掘根系观测，发现外部皮层变褐，皮层与木质部分离，甚至脱落。河北农业大学赵晗霞等用电导率法测定了不同砧木的根系半致死温度，结果表明：11月砧木半致死温度为－9.08～－7.42℃，1月半致死温度为－9.53～－6.31℃；不同粗度的根系其抗寒性也不一致，赵晗霞等研究表明，直径为2～4毫米的根段半致死温度为－8.03℃；直径为6～8毫米的根段的半致死温度为－7.91℃。

**（2）根颈冻害**　根颈指树干与根系的连接处。由于其进入休眠期最晚，解除休眠期最早，因此其是树体最容易发生冻害的部位。另外，其所处部位位于地表处，秋末冬初、冬末春初气温变化剧烈时，该部位温度日变幅最大，经常有融冻交替现象，因此，也最容易受冻害。冻害后表现为皮层变黑死亡，轻则只在局部发生，重则形成黑环，环绕干周，全树死亡。

**（3）枝干冻害**　主要表现为干基冻害、主干纵裂和枝杈冻害。干基冻害是幼龄苹果树经常发生的一种冻害，主要在据地面

10～15 厘米处的主干上发生冻害，轻则只有向阳面的皮层和形成层变褐死亡，重则背阴面的皮层也死亡，形成一个死环，导致整树死亡。主干纵裂常常发生在成龄苹果树上，一般表现为沿主干纵向开裂，发生原因是冬季日较差较大，主干组织内张力不均，使主干的皮层开裂，有时裂口深达木质部。枝杈冻害在幼树及成龄苹果树均可发生，一般表现为受冻枝杈皮层下陷或开裂，内部变褐，组织坏死，严重时组织基部的皮层和形成层全部冻死，受害枝枯萎，造成树势严重衰弱。

4. 预防措施

**（1）科学建园** 新建果园尽可能选择背风向阳的地方，避免在地势低洼或阴坡面建园。因为这些地方秋季降温早，春季升温慢，冬季冷空气易停积，积温较低，容易发生冻害。

**（2）选用抗寒砧木和品种** 生产中根据本地的气候条件和地形特征，选择生产中已实践证明抗寒性强的优良砧木和品种作为砧穗组合，生产中较为抗寒的矮化砧木有 GM256、SH40、SH38 和 SH6 等。

**（3）建造果园防护林** 果园防护林能提高园内温度 2～5 ℃，能很好地防止果园发生冻害。

**（4）加强树体管理** 合理肥水管理，前期可以通过施氮浇水促长，后期通过控氮控水，补充磷钾肥，增施有机肥，适当控制新梢旺长，使树体营养均衡，枝梢生长发育充实，可显著提高树体抗寒能力。

**（5）及时防治病虫害** 生长季及时做好病虫害防治工作。尤其是生长后期对大青叶蝉和早期落叶病要注意防控，对机械损伤或病虫危害的伤口及时进行保护，以减少树体失水和病虫侵入。

**（6）灌水和喷水** 水热容量大，对气温变化有良好的调节作用。灌水后土壤含水量增加，接近地面的空气不会骤然封冻，可使寒冬期间地温保持相对稳定，防止冻害发生，这也是灌“封冻水”的主要原因之一。花芽萌动前或花期遇冻害天气喷水可防止花器受冻。

**(7) 树干涂白** 用涂白剂将树干和主枝均匀涂白，可使树体主干和主枝表面温度变化稳定，不会有冻融情况发生，既可起到防冻、防日灼，又可起到杀死潜藏在树干中的病菌、虫卵的作用。涂白剂的配置比例是生石灰5千克，硫黄粉1～5千克，食盐2～3千克，植物油1～1.5千克，面粉2～3千克，水15千克。配置时先将石灰、食盐分别用热水化开，搅拌成糊状，然后加入硫黄粉、植物油和面粉，最后加入水搅匀。在入冬前将距地面1米内的主干和大枝涂刷一遍，具有较好的防冻效果。注意涂刷时要干稀适中，厚薄均匀，以涂刷时不流为宜。

**(8) 药剂防冻** 为减少树体水分蒸发和封闭皮孔及伤口，可在入冬前涂抹5～10倍的防冻剂和保护剂，喷施时用10～20倍液，可显著增加树体抗冻能力。在2月中下旬至3月中下旬，每隔20天可喷1次羧甲基纤维素100～150倍液或聚乙烯醇3 000～4 000倍液，可减少树体水分蒸发，提高抗寒力。

**5. 灾后补救措施**

**(1) 芽体保护** 芽体受冻后，可喷施防冻剂和保护剂防止冻害进一步加重；春季萌芽前后及时喷施叶面肥进行补充，如可喷施天达2116或芸薹素481配合0.3%尿素及磷酸二氢钾。

**(2) 伤口保护** 对于冻害造成的伤口，要及时检查防治。对冻害面积小的，可刮去死皮，用伤口愈合剂涂抹伤口。伤口大的，刮除死皮后，及时涂抹伤口愈合剂并用塑料薄膜包扎。

**(3) 加强肥水管理** 冻害发生后，需及时灌水。萌芽、开花前及幼果膨大期均要灌水1次。生长季要多施入有机肥，氮磷钾均衡施入，配合微量肥料喷施，及时补充树体营养水平。

**(4) 病害防控** 苹果树发生冻害后，易引发多种病害，如腐烂病、干腐病等。因此，冻害发生后要及时刮除冻害部位，涂抹相关保护药剂，防止病害发生和流行。

## （三）冻旱

**1. 概念** 指冬末春初天气变暖，气温上升，苹果树体上部解除休眠，而根系土层仍处于0℃以下低温冻结状态，造成根系吸收的水分不能满足树体上部蒸腾的需要，表现为枝干的皱皮、干缩甚至死亡。这种越冬期间发生的枝条生理干旱现象，称之为冬季干旱伤害，又称“冻旱”，或称“越冬抽条”。

**2. 危害特征** 越冬抽条主要发生在苹果幼树上，特别是1～2年生枝条容易发生抽条。越冬抽条主要表现为枝条、树干表皮呈现失水、皱皮现象，严重者整个地上部全部抽干。

**3. 预防措施**

**（1）利用抗性砧木** 实践证明在我国易发生抽条地区利用GM256、SH40、SH38、SH6等砧木，抗抽条效果较好；生产中在易发生抽条地区不建议选择M系矮化砧木。

**（2）增强树体抗性** 生长季采取前促后控的管理方式，在8月底前保证肥水供应，促进树体生长，进入9月，对树体进行控水控氮，抑制营养生长，同时合理增施有机肥及微量元素。促进枝条充实，以防止越冬抽条。

**（3）培月牙埂** 冬季在树体北侧培防寒土埂，土埂高40厘米左右，长70厘米，呈月牙形，有较好的防抽条效果。

**（4）喷施保护剂** 早春2月上旬至3月中旬，每隔15天全树喷施1次羧甲基纤维素100～200倍液，连续喷施2～3次，可预防苹果幼树早春抽条。

**（5）提早修剪** 对四年生以下的幼树可在12月进行修剪，以减少后期因枝条过多造成的水分蒸腾，进而防止抽条。

**（6）灌封冻水** 在土壤冻结前灌1次封冻水，确保冬末春初有足够的水分供应。

**（7）覆盖地膜** 早春覆盖地膜，使地温提前上升，有利于防止抽条发生。

**(8) 防治病虫害**　生长季及时进行病虫害防治，尤其是对大青叶蝉应进行及时防治。

## (四) 高温热害

**1. 概念**　高温热害指的是大气温度高且高温持续时间长，从而对苹果生长发育及产量、品质形成造成的危害，称为高温热害。

**2. 类型**

**(1) 高温害**　指在35～38 ℃气温下苹果树体光合作用受到显著抑制，影响光合产物的合成与积累，叶片有萎蔫现象，果实有轻度灼伤。

**(2) 高温热害**　指在38～40 ℃气温下苹果树体蒸腾速率加快，树体水分代谢出现紊乱，叶片萎蔫，果实出现中度灼伤。

**(3) 严重高温热害**　指气温高于40 ℃，该温度下树体水分代谢被严重破坏，部分器官细胞代谢活动异常，叶片出现重度萎蔫或局部组织坏死，果实出现严重灼伤。

**3. 危害机理及表现**

**(1) 高温危害机理**　首先是超过温度补偿点以上的高温时，使果树的光合作用与呼吸作用平衡遭受破坏，呼吸作用大于光合作用，消耗贮藏养分，导致树体营养积累不足。其次，高温促进蒸腾作用旺盛，破坏水分代谢平衡，导致树体萎蔫干枯。第三，高温可加速生长发育，缩短生育期，叶片早衰，果树生长量减小。

**(2) 受高温危害表现**　果树受到高温危害后，除一般生长发育不良外，常表现出树皮干裂，枝干灼伤，叶片出现坏死斑、变褐、变黄；果实受到轻度影响时表现出成熟期延迟，果小，色泽、香气、品质和耐贮性变差，受到重度影响时则表现为组织灼伤。

**4. 预防措施**

**(1) 及时灌溉**　遇到高温极端天气，要对果园及时灌溉，通过增加土壤水分供应和改良果园湿度状况，满足叶片蒸腾和果实膨大对水分的需求，缓解高温热害对树体的危害。

**（2）加大果园湿度** 通过果园喷灌设备，向树冠和行间喷水或喷雾降温增湿，改善果园小气候，缓解高温和太阳直射对树体和果实的伤害。

**（3）搭建防护网** 遇到高温天气时，可利用防雹网、防鸟网或其他设备，搭建遮阳网，可有效减少太阳光直射对果实和树体的伤害。

5. 栽后补救措施

**（1）合理修剪** 灾害发生后及时剪除枯死的枝条或叶片，疏除徒长枝、重叠枝等，使树冠内外通风透光，有利于缓和树势。

**（2）叶片喷肥** 高温危害后及时对树体进行叶片喷肥，可喷施0.3%尿素+0.3%磷酸二氢钾，促进叶片长势，尽快恢复光合功能。

**（3）防治病虫害** 高温天气发生后，极易引起叶螨类、蚜虫和蚱蝉等害虫的发生，同时灼伤的枝干及果实是病害发生的重要部位，因此应及时防治。

# 二、干旱与雨涝灾害

## （一）干旱灾害

**1. 概念** 干旱灾害是指连续长时间无雨或少雨，造成空气干燥、土壤缺水，使果树正常的生长发育受到不同程度的抑制或损害，导致树体衰弱、抽枝困难、落果、落叶，大幅度减产甚至绝产或死树等严重危害的一种农业气象灾害。

**2. 类型** 根据干旱发生的原因，通常将干旱灾害划分为土壤干旱、大气干旱和生理干旱。

**（1）土壤干旱** 土壤含水量少，苹果根系难以从土壤中吸收足够的水分去补偿蒸腾消耗，使树体内水分收支失去平衡，从而影响树体正常生理活动的进行。

**(2) 大气干旱** 由于大气的蒸发量强，导致植物蒸腾消耗水分多，即使土壤水分不亏缺，但也造成根系吸收水分不足以补偿蒸腾支出而造成的树体生长发育受阻。

**(3) 生理干旱** 由于土壤环境条件不良，使果树根系生理活动发生障碍，导致树体内水分收支发生失衡而造成的危害。

3. 危害特征

**(1) 对叶片的危害** 干旱会造成叶片水势下降，叶面积减小，新梢生长发育受阻，且干旱时间越长影响越大。在干旱胁迫下，叶片质地变薄，缺乏韧性；干旱胁迫会显著减少新叶的发生数量，导致叶片的急剧衰老甚至脱落。

**(2) 对枝梢的危害** 干旱胁迫对枝梢的加粗生长影响明显，且具有"后续效应"，即干旱解除后，干旱的抑制作用仍持续相当长的时间。干旱也会影响枝梢的延长生长，缺水严重的地块新梢生长量小，停长时间早，形成中短枝比例高，长枝比例低，尤其对幼树生长不利。

**(3) 对根系的危害** 干旱会抑制根系的生长。当土壤含水量为10%～15%时，根系停止生长活动；当土壤含水量低于7%时，根系开始干枯死亡。

**(4) 对花果的影响** 干旱会影响花芽分化，降低花的发育质量。花期遇到高温干旱天气，柱头会很快干枯，缩短花期，影响花粉萌芽，导致授粉受精受阻，严重影响坐果率。干旱对果实的影响主要表现在降低坐果率，导致落果严重，果个变小，进而严重影响产量。

4. 预防措施

**(1) 兴修水利，节水灌溉** 加大果园水利基础设施投入，因地制宜修建各类水利设施，治理河道，及时拦蓄雨水，完善灌水系统，是防止果园干旱的根本措施。为充分利用有限水资源，果园应积极推行滴灌、渗灌、喷灌等节水灌溉技术。

**（2）加强干旱灾害监测预警** 配合气象部门、农业科技部门探索当地干旱灾害发生规律，建立干旱灾害实时监测、预警系统，开展干旱监测、预警与评估，对可能发生干旱的区域、时间及危害程度提出应对措施。

**（3）利用抗旱砧木** 实生砧木中较为抗旱的是楸子、新疆野苹果、八棱海棠等；矮化砧木中较为抗旱的是SH17、SH40、P22、P59、B9等。

**（4）利用农艺措施防旱** 果园生草可减少土壤蒸发量，减少地表径流，提高果树根系水分利用率。合理使用抗旱保水剂，可使根系水分利用率大大提高。山区苹果园可利用穴贮肥水技术达到抗旱、保水的目的。起垄覆盖也是充分利用水资源，防止果园干旱的有力农艺措施之一。

5. 灾害补救措施

**（1）及时补水** 灾害发生后，应立即组织力量进行抗旱，及时对果园进行灌溉，防止干旱严重及次生灾害的发生。特别注意的是，严重干旱后不宜灌水过多，应达到适量即可。

**（2）防治病虫害** 果树遭受旱灾后，树体衰弱，抵抗力差，容易发生病虫害，如山楂叶螨、二斑叶螨最易在干旱天气下发生。因此，要注意加强病虫害综合防治，尽量减少因病虫害造成的产量和经济损失。

## （二）雨涝灾害

1. **概念** 雨涝灾害是指因大雨、暴雨或持续降雨使果园淹没、渍水的现象。

2. **类型** 按照降水量的多少，果园雨涝灾害可分为湿害（渍害）和涝害。连阴雨时间过长，雨水过多导致土壤水分长时间处于饱和状态，使苹果根系因缺氧而发生伤害，称为湿害。降水量过大或排水不良，造成果园地面长期积水不退，使苹果树受淹，称为涝害。

3. 危害特征

**（1）根系吸收肥水能力下降**　雨涝后果园土壤孔隙被水充满后，根际土壤氧气含量大大降低，进而造成苹果根系因得不到氧气而窒息，吸水吸肥能力下降，严重者根系死亡。

**（2）果树倒伏严重**　果园土壤经大水浸泡后变得松软，苹果根系固地力变差，如果遇到风雨天气，极易引起树体倾斜或倒伏。

**（3）滋生病虫害**　果园雨涝时，空气潮湿，为病虫害滋生、蔓延创造了有利条件，加上水分过多对树体生理代谢造成的不利影响，导致苹果树体抗病力减弱，加剧了病虫害发生与流行。

4. 预防措施

**（1）强化果园水利基础设施建设**　健全果园水利基础设施建设，完善排水系统布局，是防治果园雨涝灾害发生的根本措施。建园时，可根据果园的立地条件，通过修建明、暗排水沟，提前做好雨涝灾害防控措施。

**（2）完善雨涝灾害监测预警系统**　建立、完善雨涝灾害实时监测、预警系统是重要的防范措施。在雨涝发生之前进行密集监测、准确预警与评估，在雨涝发生过程中进行实时监测，预报可能发生的强度、发生态势、危害程度等，可为苹果园防灾减灾提供科学的依据。

**（3）应用先进的防涝农艺措施**　果园起垄栽培和果园生草是防治雨涝栽培的重要农艺措施。采取起垄栽培，可增加土壤厚度，增加土壤通透性，扩大根系活动范围；雨涝发生时，地表水可以迅速从垄沟排出，对垄面上的根系伤害较小。果园生草主要是雨涝后草被的大量蒸腾作用可加快土壤湿度的降低，防止田间渍害的发生。

5. 灾后补救措施

**（1）清淤晾根**　雨涝灾害发生后，及时将树干基部根颈处的淤泥清除，露出根颈，并将部分粗根上的土壤扒开，进行晾根，可使根部水分尽快散失，待经历3个晴好天气后再覆土。

**（2）扶正树体，培土护根** 在雨停水退时，抢时间清除杂物，利用雨涝水泼洗被污染的枝叶，减少泥渍。对被冲倒或风吹倒的果树及时扶正、培土、护根，必要时可设立支柱，防止动摇和再次歪倒。然后，再一次用清水喷洗枝叶上残留的污物，以确保树体正常生理活动的进行。

**（3）中耕松土，促发新根** 将果园地表锄松和翻刨，防止土壤板结，增加土壤的透气性，促进根系尽快恢复吸收功能和旺盛生长。中耕时要适当增加深度，将土壤混匀、土块捣碎，根据土壤和果树生长的具体情况，可中耕1～2次。在表层土壤干后进行土壤翻耕，使土壤水分挥发，改善土壤通气条件，以利于土壤微生物活动，恢复根系发育，促进新根生长。

**（4）及时追肥，补充营养** 受灾后果树根系从土壤中吸收养分的能力下降，应及时在雨停后进行叶面追肥。8月上旬喷施以0.3%尿素溶液为主的叶面肥，以后喷施以0.3%磷酸二氢钾为主的叶面肥。结合叶面喷肥，及时进行土壤追肥（氮肥为主，磷、钾肥为辅），加强营养，促进果树恢复生长。此外，要抓住土壤墒情好的时机，早施有机肥、土杂肥等基肥。对水淹较重的果园在墒情适宜时，先进行深翻改土，然后施入基肥，以9～10月进行为宜。

**（5）合理修剪，控制旺长** 为使雨涝后的果树减少地上部的水分消耗，应进行适当修剪。对新梢生长过旺，特别是树冠中上部新梢徒长枝较多的果树，应及时修剪徒长枝和上部的过密新梢，适当回缩部分过长枝，摘除部分小果，以减轻果树负载量。同时尽快剪除雨涝灾害引起的病枝、病叶和病果，并将其清除出园进行深埋或焚烧。另外，在修剪时把伤口剪平，减小伤口面积，以利于剪口愈合。

**（6）加强病虫害防控** 雨涝灾害后，树体树势容易衰弱，加之果园湿度过大，为病虫害发生提供了有利时机。因此，雨涝后果园要喷一遍杀虫杀菌剂，以防治病虫危害。可选择百菌清 800 倍液或多菌灵 600 倍液或甲基硫菌灵 1 000 倍液＋灭扫利 3 000 倍液进行全园喷施防控。

## 三、风灾、雹灾与鸟害

### （一）大风灾害

**1. 概念** 大风灾害指风力足够大，以至于产生了对阻碍苹果正常生长发育的危害现象。气象部门以平均风力达到 6 级或以上，作为发布大风预报的标准。

**2. 类型**

**（1）高温低湿型** 主要发生在春季苹果开花时，气温猛升、空气湿度过低，造成苹果集中开花、花期过短，且开花后由于湿度低柱头干燥，授粉受精效果不好。

**（2）雨季高湿型** 主要发生在夏季，与降雨结合发生，特别是在沿海地区，台风的发生较频繁，容易导致树体倒伏、幼果脱落、枝梢折断、病虫害滋生等。

**（3）低温低湿型** 主要发生在冬季或冬春交接季，持续的低温干寒风会使苹果枝条失水，发生“抽条”。

**3. 危害特征**

**（1）影响授粉受精** 花期时发生风害，会使空气相对湿度降低，柱头干燥过快，影响授粉受精。同时，大风还会影响传粉媒介（蜜蜂或壁蜂等）的活动，进而影响苹果的花期授粉。风力过大时，还会吹落花朵，造成减产。

**（2）影响果实发育** 生长季发生风害，会使叶片破损、枝条摇曳，光合作用下降，对果实发育不利；严重风害会引起果实碰伤和落果，不但降低优质果率，还会造成严重减产。

**（3）影响树体整形** 新梢旺长期遇到风灾天气，幼嫩的新梢经强风持续吹拂，会发生偏斜生长，致使树体呈现偏冠现象。如果风力过大，还会造成中心干延长枝或侧枝折断，给树体整形造成不利影响。

**（4）造成土壤养分流失** 在季风显著的区域，大风可以吹走地表细土，地理学上称为“风蚀”。而在清耕的苹果果园里，风蚀是引起土壤养分流失、逐渐变瘠薄的重要原因之一。

4. 预防措施

**（1）科学建园** 建园时，应重点考虑避开风口和易受风灾侵袭的园地建园；果园规划上，合理规划行向，应用宽行密植，增强果园群体抗风能力；选择抗风能力强的砧木和品种，如砧穗组合抗风性能差，则需立支架绑缚。

**（2）营造防风林带** 营造防风林带是避免和减轻风害的有效措施。防风林带应建成林网状。除建造主林带外，还应规划副林带以及与主林带相垂直的折风带。林带宜为乔木、灌木结合的透风林，并需要一定的厚度，以增强防风效果。

**（3）架设防风网** 在果园上风口、垂直风向上架设防风网也是一个有效的措施。

**（4）栽培技术措施** 合理整形修剪，做到果园通风透光；果园深施基肥，并逐年深翻扩穴，使苹果根系向深层下扎，增强树体的固地力；果园生草，避免地表裸露，防止表层土壤流失。

5. 灾后补救措施

**（1）及时清理果园** 将风灾造成的折枝、落叶、落果等及时清理集中，带出果园深埋或集中销毁，以防有害病菌传播。

**（2）扶正树体** 对倒伏、倾斜的树体，应在灾后趁土壤松软时及时扶正、固定。否则，后期土壤干结，根系已成形，再扶正较难，同时会对根系造成严重伤害。扶正后，最好用支架临时固定树体，待完全固地后再撤离支架。

**（3）整形修剪** 对风灾导致的短枝、折枝，应在适当的分枝处进行剪截，并保持剪口光滑。对于劈裂的大枝，如果劈裂程度较重，建议疏除；如劈裂不严重，则应用竹片或木板做夹板固定劈裂处，促使伤口愈合，同时对劈裂的大枝进行适当回缩，减轻负荷，再用支架支撑，防止进一步折断。

**（4）保花保果** 花期或幼果期发生风灾后，疏花疏果要适当延迟进行，并采取有力的保花保果措施以提高坐果率。

**（5）病虫害防控** 风灾造成的伤口多，且不易愈合，容易导致病菌侵染。因此，灾后应立即全园喷布一遍光谱性杀菌剂和杀虫剂，可选择5%的安索菌毒清500倍液，或70%的甲基硫菌灵800倍液。

## （二）冰雹灾害

**1. 概念** 因冰雹降落导致苹果果园树体受到严重危害，称为雹灾。

**2. 危害特征** 雹灾发生后，树干、枝梢外皮会被冰雹砸开裂，叶片破损严重，果实表面伤痕累累，严重者枝梢折断，叶片、果实掉落，造成果园严重减产。

**3. 预防措施**

**（1）科学建园** 冰雹形成于具备一定气象条件的积雨云中。由于可形成冰雹的积雨云区比较狭窄，并常沿山脉、河谷移动，故降雹区往往呈狭小的带状分布，一般宽度几千米或更窄，因此其具有明显的路径，即生成“雹打一条线”。在建园时，应对当地冰雹发生的特点、冰雹路径等充分了解，尽量避开易发生冰雹的地带。

**（2）加强预报** 雹灾虽然发生具有偶然性，但冰雹的形成有明显的气象特点，因此进行预报是可能的。进行降雹预报，应积极创造条件，采用现代科技仪器识别冰雹云，提高降雹预报的及时性和准确率。

**（3）使用防雹网** 防雹网是在果园上方和周边架设专用的尼龙网或铅丝网，阻挡冰雹的冲击，从而起到保护树体的作用。防雹网防雹效果较好，而且果实发育后期，还可起到防鸟网的作用，生产中应该积极利用。

4. 灾后补救措施

**(1) 及时清园** 尽快搞好灾后果园清理工作，全面清除园内落果、落袋、断枝及落叶，摘除重伤果实，清洗果实枝干和叶片上的尘泥，降低果园病虫害发生基数。

**(2) 做好病害防治** 雹灾后因树体伤口较多，树势容易衰弱，抗病能力降低，因此，灾后要特别注意病害的防治。具体用药种类和方法如下：每隔 7 天喷施 1 次福星 8 000 倍液、苯醚甲环唑 2 000 倍液、戊唑醇 4 000 倍液等内吸性杀菌剂，连续 2～3 次，预防轮纹病、腐烂病及早期落叶病等大面积发生；在喷布内吸性杀菌剂后 3 天后，全园喷施 1 次倍量式波尔多液进行杀菌。有条件的可在枝干上及时涂抹菌清或腐轮 4 号杀菌剂。

**(3) 保护树体** 树体中心干、主枝等皮层被打伤后，应及时剪除翘起的伤皮、砸坏的伤枝及削平削光伤口，对于枝干伤口较大者应及时涂抹愈合剂保护，并用塑料薄膜包裹以促进伤口愈合。对已折断无法恢复的枝条应从基部疏除，多留雹伤轻的发育枝和枝组，剪锯口及时涂抹伤口愈合剂。

**(4) 及时追肥，补充营养** 雹灾造成枝叶严重损坏，树体合成有机养分受阻，极易造成树势衰弱。因此，灾后应及时给树体追肥，补充营养。具体做法：每株追施高氮高钾三元复合肥 0.5～1 千克，追肥后及时灌水，促进树体恢复，增强营养积累。同时，结合喷药可加入 300～500 倍尿素和磷酸二氢钾或其他叶面肥进行叶面营养补充。

## (三) 鸟害

**1. 概念** 苹果生产过程中因受到鸟类的活动影响，造成果实损坏，产量降低，并因为果实伤害引发病害发生等危害，称为鸟害。

**2. 类型** 苹果园主要的鸟害种类有喜鹊、灰喜鹊、大山雀、麻雀、乌鸦等。

3. **危害特征**　鸟害主要危害果实，特别是果实接近成熟期，鸟类会飞入果园进行啄食、蹬踏，造成果实破损、掉落，果园严重减产。

4. **预防措施**

**（1）架设防鸟网**　目前来看，架设防鸟网是防治鸟害的最有效的防治方法。在冰雹易发地区，调整网格大小，将防雹网与防鸟网结合设置，效果更好。

**（2）驱鸟**　生产中有驱鸟炮、音响驱鸟、光盘驱鸟、驱鸟带和驱鸟剂等方法，但总体看来，短时间驱鸟效果不错，但持续时间不长，生产中可轮换使用。

# 第十章　果实采摘、分级与包装

果实采摘、分级和包装是苹果生产最后一个环节，也是保证果实质量，增加果农收益的关键环节，本章主要介绍苹果果实采收的时期、方法、分级标准、包装材料、种类及需要注意的关键技术。

## 一、果实采收

### （一）确定采摘期的依据

确定苹果的适宜采收期，不但对当年的产量、品质和果品的耐贮性等有着重要的影响，而且对花芽的进一步发育和翌年的生长、坐果、产量等都有着深刻的影响。采收过早，果实未充分成熟，果个小，产量和品质低，影响果实的耐贮性；采收过晚，虽然当年产量和果实品质较好，但易诱发果实生理病害（如水心病、虎皮病等）的发生。特别是当果实在树上已通过呼吸跃变期后再采收时，成熟度过高，果肉衰老加快，不适合长途运输及长期贮藏。在延迟采收的情况下，还会影响翌年产量。因此，适期采收，是实现苹果高产、优质生产的技术措施。果实的适宜采摘时期主要根据市场需求、果实成熟度及果实的用途来确定，以达到最好的效果。

**1. 果实成熟度**　苹果成熟度分为以下 3 种。

**（1）可采成熟度**　此时果实的物质积累过程基本完成，大小已定型，绿色减退，开始呈现本品种固有的色泽和风味，但果肉硬度较大，食用品质稍差。此时采收的果实适于远途运输和长期贮藏。

**(2) 食用成熟度**　此时种子变褐，果梗易和果台脱离，果实表现出该品种固有的色、香、味，食用品质最好。此期采收适于就地销售鲜食、短距离运输和短期冷库贮藏。

**(3) 生理成熟**　此时种子充分成熟，果肉硬度下降开始软绵，食用品质开始下降。一般采种的果实在此期采收。

2. **果实生长期**　在一定的栽培条件下，苹果果实从生长到成熟，大致都有一定的天数。因此，可以根据果实的生长日期，来确定果实的成熟度和采收适期。据山东果树研究所调查，在我国北方苹果产区，红星果实的适宜采收期，一般在盛花后的(142±12.5) 天。夏季温度高的地方，少于142天，采收期可以早一些。夏季温度较低的地方，一般长于142天，采收期可以晚一些。藤木1号在辽宁熊岳地区5月1日左右开花，7月下旬至8月上旬成熟，果实生育期83天左右。信浓红在烟台4月25～26日盛花，8月4～6日果实成熟，果实生育期102天左右。美国8号在河北地区4月下旬开花，8月中旬果实成熟，果实生育期108天左右。华硕在郑州地区果实8月初成熟，成熟期比其母本美国8号晚3～5天、比嘎拉早7～10天。绿帅果果实8月上中旬成熟，实生育期为90天。

3. **果皮颜色**　果实成熟时应显示出该品种固有的颜色，如红色或黄色，因此，果皮颜色的变化可作为判断果实成熟度的指标之一。同时，果实底色在成熟前后也发生变化，根据底色的变化也可辅助判断成熟度。对于未套袋苹果，未成熟果实中含有大量的叶绿素，果皮呈绿色，随着果实的成熟，绿色逐渐减退，果皮变为黄色；对于套袋苹果，因袋内光照差，果皮颜色逐渐变白，此时即可解袋。

4. **用途和贮藏期**　供当地鲜食用的，可在果实接近充分成熟时采收。供外运销售的，路途遥远的，要早采；有冷藏运输条件的，则可适当晚采。用作长期贮藏的果实，需在适度成熟时采收。用作加工制罐的，可在接近成熟时采收，以保持果肉硬度，提高加工性状。

有些品种的果实成熟期常不一致，甚至出现较严重的采前落果。在某一品种适宜的采摘期内，不同株间或同一株树树冠的不同部位的果实成熟度相差很大。因此，应考虑分期分批采摘，即对果园的果实采摘分2～3次进行。首次主要采摘树冠外围、上部果个大、着色好的果实；1周左右再采摘树冠内膛、中下部的着色较好的果实。分期采摘可使晚采的小果增大，色泽变佳，增加产量，提高果实品质。分期采摘应掌握好成熟度和采摘时间，以防果实成熟度不够或过熟，同时先采果时避免碰落留下的果实。

5. 生理生化指标

**(1) 呼吸强度** 在果实发育和成熟过程中，果实的呼吸强度是不断变化着的。处于细胞分裂阶段的苹果幼果，果皮通气性强，蒸腾率高，呼吸强度也最高。随着果实的发育，至细胞分裂阶段后期和整个细胞膨大阶段，果实的比表面积渐次降低，果皮变厚，蜡质增多，通气性和蒸腾率减少，呼吸强度也急剧降低。至果实接近成熟时，呼吸强度又开始增加，达到顶峰后又逐渐下降。因此，可以根据果实成熟过程中的呼吸作用特点，确定最适采收期。一般认为，苹果果实的适宜采收期，应该在呼吸高峰临近出现之前。

**(2) 淀粉指数** 淀粉指数可作为判断采收成熟度指标之一。方法是沿果实中部横切，将带有果柄的一端浸入碘-碘化钾溶液中，染色1分钟，拍取照片。参照标准染色图谱，读取果实切面的淀粉指数，计算平均值。不同品种成熟时淀粉指数不同。

**(3) 果实硬度和可溶性糖含量** 果实硬度和可溶性糖含量等指标属品质指标而不是成熟度指标，但这些品质指标也为预测果实在贮藏期间的特性提供了信息。而且这两个指标在市场上，正逐渐被客户用作评价苹果品质的标准。

### （二）采摘方法

1. **采前准备工作** 采收前应准备好盛果容器、梯子、果柄剪等。盛果容器有果篮、果筐、采果袋等，果篮里面用软布衬好，防止刮伤果面。果筐要干净，里面最好垫一层纸垫。此外，采摘人员必须剪短手指甲，穿软底鞋。

2. **采摘顺序** 先采树冠外围和下部的果实，后采内膛与上部的果实。采果用的容器大小应适宜，尽量减少转换容器次数。尽量多用梯、少上树，以保护果枝、叶片和果实免受损伤。

3. **采摘方法** 目前苹果采摘主要采取人工采摘的方法，其正确的做法是用手托住果实，食指顶住果柄末端轻轻上翘，使果柄与果台分离。摘下果实后剪去露出梗洼部分果柄，以防装箱后刺伤其他果实。采摘时切忌硬拉硬拽，要保证果实完整无损，防止摘折果枝，以保证来年丰产。

采摘时先把病虫害较重、畸形、过小和受机械损伤的果实拣出，然后采下正常果，轻放到果篮或采收袋中，送往分级、包装场所，按规格分级、包装，完成果实采收和初步分级工作。

### （三）注意事项

1. **注意天气** 不宜在有雨、有雾或露水未干前进行采摘，应选择好天气时采果。必须在雨季采果时，需将果实放通风处尽快晾干。遇有大风等恶劣气候时，采收可适当提早。

2. **运输** 运输过程中要防止颠簸，尽可能平稳，减少果实搬运中间环节，避免造成果面损伤。

## 二、果实分级

分级、包装就是将收获的果品，依据相关标准，按形状、大小、色泽、损伤等分成若干整齐的类别，使同一类别的果品规格、品质一致，实现生产和销售的标准化。

## （一）分级标准

不同品种、不同地区、不同市场苹果分级的标准不一。基本要求：果实完整良好、新鲜洁净，无异味，无不正常的外来水分，无虫果及病害，充分发育，具有适于市场或贮存要求的成熟度。一般是按果形、新鲜度、颜色、品质、病虫害、机械伤和果实大小等方面进行分级。具体可参见第六章相关部分。

## （二）分级方法

1. **人工分级** 我国大部分苹果产区还是采用人工分级的方法。人工分级方法有两种：一是目测法，凭人的视觉判断，按果实的颜色、大小将果实分级，此法分级标准容易受操作人员心理因素的影响，偏差较大。二是用选果板分级，分级板上有直径从60毫米到100毫米每级相差5毫米的不同规格的圆孔，由此可将果实按横径大小分成若干个等级。分级时，将果实送入孔中漏下即可，此法分级的果实，同一级别的果实大小基本一致，偏差较小。人工分级效率低，准确性较差，但能最大程度地减轻果实的机械伤害。

2. **机械分级** 有条件的果业合作社和果园最好采用机械分级。采用苹果分选机，不仅减少了人工压力，同时也提高了分选效率和精度。

**（1）重量分选装置** 根据苹果果实的重量进行分选。按被选果实的重量与预先设定的重量进行比较分级。重量分选装置有机械秤式和电子秤式等不同的类型。

**（2）形状分选装置** 按照被选苹果果实的形状大小（直径、长度等）分选。有机械式和光电式等不同类型。

**（3）颜色分选装置** 根据果实的颜色进行分选。例如，利用彩色摄像机和电子计算机处理的红、绿两色型装置可用于果品的分选，可同时判别出果实的颜色、大小以及表皮有无损伤等。

### （三）洗果打蜡

**1. 洗果** 洗果就是采用浸泡、冲洗、喷淋等方式水洗或用毛刷等清除果实表面的污物。应用套袋方法生产的苹果，由于果面洁净，可免去洗果的环节。

**2. 打蜡** 果实打蜡，多用于上市前的果实处理，也用于长途运输和短期贮藏。打蜡一般在洗果后进行，方法有人工浸涂、刷涂和机械涂蜡。少量处理时，可用人工方法将果实在专用的果蜡中蘸一下取出，或用软刷、棉布等蘸取果蜡均匀抹在果面上。大量处理时，用机械喷蜡工效高，效果好。

## 三、果实包装

果实包装前，要按国家关于果品分级标准的有关规定，根据果实的大小、轻重、色泽、形状、成熟度，病虫害和机械损伤程度等分拣、分级，然后按等级进行包装。

### （一）包装材料

苹果的包装容器，主要有纸箱、钙塑箱、果筐、木箱等。目前常用的为纸箱。包装箱类型和规格应根据使用和销售对象、市场要求设计制作。冷藏、远途运输及出口的包装箱要求较高。出口果箱应注意黏合剂要符合出口要求，外销包装的纸箱由纸盒、纸格、纸板等组成。根据不同品种、果个大小、等级，选择不同规格的纸箱。钙塑箱盛装苹果果实，在存放、码垛、搬运、窖贮等方面的抗压力，以及保持果品质量等方面具有一定优势。

### （二）包装方法

包装前应对苹果认真地进行挑选，确保果品新鲜、洁净、无机械伤、无病虫害、无腐烂，并按有关标准分级包装。包装应在冷凉的环境条件下进行，避免风吹日晒和雨淋。苹果果实的具体包装方法，常依包装容器的种类而不同。

1. **纸箱包装** 果实要逐个包纸或发泡塑料网套。包果纸要求大小一致，清洁、美观。包装时，由箱底按一定的排列形式，紧密、整齐摆放。摆好一层，衬垫1张纸隔板。装满后，用纸带粘贴或捆扎牢固。现在还有的在包装箱中用凹穴的泡沫塑料隔板装果，不加套，也不包纸，包装手续简便，便于机械化操作。

2. **钙塑箱包装** 果实要逐个包发泡塑料网套。包装时，由箱底按一定的排列形式，紧密、整齐摆放。摆好一层，衬垫1张纸隔板。

3. **果筐包装** 筐底要先铺垫0.25千克干草，然后再垫衬1个蒲包，以免运输过程中筐条刺伤或磨伤果实。装果时，要将果实逐个由筐底摆起，由外圈向筐内一圈圈地摆紧。一层摆放完毕，再摆上面一层，直至装满果筐，并使中部略微隆起。

## （三）标识

在包装外面，注明产品商标、品名、等级、规格、重量、个数、产地、特定标识、包装日期等内容。

# 主要参考文献


白海霞，史大卫，高彦，2006. 苹果 M26、M7 自根苗的繁育技术 [J]. 山西果树 (2)：20-21.

陈海江，2010. 果树苗木繁育 [M]. 北京：金盾出版社.

程玉琴，韩振海，徐雪峰，2003. 苹果病毒及其脱毒检测技术研究进展 [J]. 中国农学通报，19 (1)：72-76，96.

丁芳，曾路生，2014. 不同栽植年限苹果园土壤 pH 与养分离子的变化研究 [J]. 中国果树 (5)：13-17.

高占祥，2014. 苹果主要气象灾害及应对措施 [J]. 植物保护 (18)：15-18.

郭超，2014. 组培条件下苹果潜隐性病毒的分布特征及传播途径研究 [D]. 保定：河北农业大学.

郭桂英，杨振平，2015. 果树使用生物肥料的误区与注意事项 [J]. 河北果树 (4)：37.

韩立新，王红艳，曾梅，等，2014. 黄土高原矮砧苹果园铺设园艺地布保墒除草技术 [J]. 山西果树 (3)：17-18.

韩振海，2011. 苹果矮化密植栽培——理论与实践 [M]. 北京：科学出版社.

李新和，2017. 干旱对苹果生长发育的影响及防御措施 [J]. 现代农业科技 (15)：215-216.

刘宝素，白江平，郭聪聪，2015. 红富士苹果“三优”栽培技术模式 [J]. 河北果树 (4)：15-18.

刘锋，2010. 河北省苹果产业发展研究 [D]. 保定：河北农业大学.

鲁慧芳，孙苗苗，2013. 果蔬产品贮藏与加工技术 [M]. 北京：中国农业大学出版社.

吕文彦，李广领，吴艳兵，2016. 新编农药安全使用规范 [M]. 北京：中国农业出版社.

马宝焜，杜国强，张学英，2010. 苹果整形修剪图解［M］. 北京：中国农业出版社.

马宝焜，徐继忠，2012. 苹果精细管理十二个月［M］. 北京：中国农业出版社.

马宝焜，徐继忠，孙建设，2017. 果树嫁接 16 法［M］. 第二版. 北京：中国农业出版社.

束怀瑞，1999，苹果学［M］. 北京：中国农业出版社.

宋志伟，杨静云，2011. 果树测土配方施肥技术［M］. 北京：中国农业科学技术出版社.

苏佳明，沙玉芬，王建萍，等，2014. 果园雨涝灾害后的补救措施及病害防控［J］. 烟台果树（1）：41－45.

孙芳娟，张莹，查养良，等，2013. 苹果花期霜冻分析与防御对策［J］. 北方园艺（23）：217－218.

孙清荣，孙洪雁，李林光，等，2014. 苹果矮化砧 GM256（*Malus domestica* Borkh）高效快繁技术体系的建立［J］. 中国农学通报，30（7）：95－99.

孙廷，关金菊，钟华义，2015. 果树规模栽培与病虫害防治［M］. 北京：中国农业科学技术出版社.

陶波，2009. 杂草化学防除实用技术［M］. 北京：化学工业出版社.

田永强，于静，李夏鸣，等，2014. 我国北方果区苹果树腐烂病的发生现状及防治对策［J］. 山西果树（2）：35－36.

万蜀渊，1996. 园艺植物繁殖学［M］. 北京：中国农业出版社.

王国平，刘福昌，2002. 果树无病毒苗木繁育与栽培［M］. 北京：金盾出版社.

王金政，韩明玉，李丙智，2010. 苹果产业防灾减灾与安全生产综合技术［M］. 济南：山东科学技术出版社.

王荣，沈向，黄翠香，等，2012. 关于苹果砧木与自根砧快繁技术的综述［J］. 天津农业科学，18（3）：115－119.

徐继忠，2016. 苹果矮化砧木选育与栽培技术研究［M］. 北京：中国农业出版社.

杨少春，2013. 肥料知识与施肥技术问答［M］. 北京：中国农业科学技术出版社.

张倩，赵艳霞，王春乙，2010. 我国主要农业气象灾害指标研究进展［J］.

自然灾害学报，19（6）：40－54.

张庆田，2007. 几种苹果砧木组织培养技术的研究［D］. 泰安：山东农业大学.

赵德英，程存刚，李敏，等，2012. 雹灾苹果园树势与产量恢复试验［J］. 中国果树（3）：23－26.

赵增锋，曹克强，2011. 苹果树腐烂病流行分析及防治建议［J］. 中国果树（1）：61－63.

赵政阳，2015. 中国果树科学与实践：苹果［M］. 西安：陕西科学技术出版社.

Amiri M E，Fallahi E，Safi-Songhorabad M，2014. Influence of rootstock on mineral uptake and scion growth of 'Golden Delicious' and 'Royal Gala' apples [J]. Journal of Plant Nutrition（1）：16－29.

Kundu J K，2003. The occurrence of apple stem pitting virus and apple stem grooving virus within field-grown apple cultivars evaluated by RT-PCR [J]. Plant Protect Seience，39（3）：88－92.

Matic S，Sánchez-Navarro J A，Mandic B，et al，2008. Tracking three ilaviruses in stone fruit trees throught the year by ELISA and tissue-printing hybridization [J]. Journal of Plant Pathology，90（1）：137－141.

Menzel W，Zahn V，Maiss E，2003. Multiplex RT-PCR-ELISA compared with bioassay for the detection of four apple viruses and time during the certification of plant material [J]. Journal Virological Methods，110（2）：153－157.

Svoboda J，Polák J，2010. Relative concentration of apple mosaic virus coat protein in different parts of apple tree [J]. Hort. Sci.，37（1）：22－26.

**图书在版编目（CIP）数据**

苹果“三优”栽培技术详解／徐继忠主编．—北京：中国农业出版社，2018.6
ISBN 978-7-109-23975-3

Ⅰ.①苹… Ⅱ.①徐… Ⅲ.①苹果-果树园艺 Ⅳ.①S661.1

中国版本图书馆CIP数据核字(2018)第049074号

中国农业出版社出版
（北京市朝阳区麦子店街18号楼）
（邮政编码 100125）
责任编辑 黄 宇

中国农业出版社印刷厂印刷 新华书店北京发行所发行
2018年6月第1版 2018年6月北京第1次印刷

开本：850mm×1168mm 1/32 印张：7.875
字数：196千字
定价：24.00元